U0385100

五彩缤纷的
虚拟现实世界

陈定方　主编

中国水利水电出版社
www.waterpub.com.cn

内 容 提 要

虚拟现实（Virtual Reality，简称 VR）是近年来出现的高新技术，亦称灵境或人工环境。虚拟现实技术是利用计算机软硬件、传感器和网络产生的一个包括三维几何空间和时间维的四维空间虚拟世界的技术，提供视觉、听觉、触觉以及嗅觉、味觉等感官的模拟，让使用者如同身临其境一般，及时、没有限制地观察和触摸 4D 空间内的事物。基于移动互联网的虚拟现实技术将人类与物理世界、信息世界巧妙地联系在一起，形成了五彩缤纷的虚拟现实世界。虚拟现实技术作为一种科学方法正逐渐深入到各个行业，因此了解这种新时代的技术是非常必要的。

全书共七章，分为三部分：第一部分（第一章）简单介绍虚拟现实技术；第二部分（第二章到第六章）采用从具体到抽象的思维模式，通过生动活泼的实例介绍虚拟现实技术在军事航天、文化娱乐、安全、工商业、教育医疗以及艺术等方面的应用；第三部分（第七章）用"明天会更好"来展望虚拟现实技术的发展。

本书图文并茂，语言诙谐、有趣，用生动形象的描述将读者带入奇幻的虚拟世界，在拓宽知识面、发展兴趣的同时可引起无限畅想——利用虚拟现实技术实现自己的梦中世界。

为了更好地传播、普及虚拟现实技术，本书精心准备了相应光盘供观赏学习。光盘内容包含书稿所涉及的视频资料、图片资料、陈定方教授及其团队虚拟现实技术相关论文和专利汇总、所引用的参考文献和视频资料。这些内容大部分来自陈定方教授及其团队的研究成果，特别是 CCTV 10 科技之光栏目的三个介绍，诚挚推荐重点观看。

图书在版编目（ＣＩＰ）数据

五彩缤纷的虚拟现实世界 / 陈定方主编. -- 北京：
中国水利水电出版社，2015.1（2016.6重印）
ISBN 978-7-5170-2773-7

Ⅰ．①五… Ⅱ．①陈… Ⅲ．①虚拟网络 Ⅳ.
①TP393

中国版本图书馆CIP数据核字(2014)第308766号

策划编辑：杨元泓　责任编辑：陈洁　加工编辑：谌艳艳　装帧设计：梁燕

书　　名	五彩缤纷的虚拟现实世界	
作　　者	陈定方　主编	
出版发行	中国水利水电出版社	
	（北京市海淀区玉渊潭南路 1 号 D 座 100038）	
	网　址：www.waterpub.com.cn	
	E-mail：mchannel@263.net（万水）	
	sales@waterpub.com.cn	
	电　话：（010）68367658（发行部）、82562819（万水）	
经　　售	北京科水图书销售中心（零售）	
	电　话：（010）88383994、63202643、68545874	
	全国各地新华书店和相关出版物销售网点	
排　　版	北京万水电子信息有限公司	
印　　刷	联城印刷（北京）有限公司	
规　　格	170mm×235mm　16开本　10印张　209千字	
版　　次	2015年4月第1版　2016年6月第2次印刷	
印　　数	3001—5000册	
定　　价	39.00元（赠1DVD）	

前言
PREFACE

　　莎士比亚在《仲夏夜之梦》中说："想象的东西往往是虚无缥缈的，但在诗人的笔下，它们可以有形，有固有的实质，也可以有名字。"这句话正道出了虚拟现实技术的实质。虚拟现实技术从全新的角度感知心智，模拟现实，让我们感觉它是客观存在的。虚拟现实技术已作为一种科学方法深入到各个领域，作为新时代的接班人，了解这种新时代的技术是非常必要的。因此，我们应时代之机，以拓展中高年级学生的知识为目的，编写了《五彩缤纷的虚拟现实世界》这本书。

　　基于移动互联网的虚拟现实技术将人类与物理世界、信息世界巧妙地联系在一起，形成了五彩缤纷的虚拟现实世界。

　　本书以虚拟现实技术的沉浸感、交互性、构想性三大特征为主线，以丰富读者知识为目的，通过生动活泼的实例，介绍了虚拟现实技术在生活娱乐、军事、教育医疗以及艺术等方面的应用。为了让读者对虚拟现实技术有更深刻的认识，全书采用了由具体到抽象的书写模式，语言诙谐生动，通俗易懂。

　　本书分为三个部分。第一部分简介虚拟现实技术：第一章"虚拟现实ABC"；第二部分系统介绍虚拟现实技术在各个领域的应用，包括5章：第二章"虚拟现实技术在军事航天领域的应用"，第三章"虚拟现实技术在生活文化娱乐领域的应用"，第四章"虚拟现实技术在安全领域的应用"，第五章"虚拟现实技术在工业商业领域的应用"以及第六章"虚拟现实技术在教育医疗领域的应用"；第三部分是虚拟现实技术发展展望：第七章"明天会更好——触手可及的虚拟现实"。

　　本书由陈定方主编，参加编写工作的有廖小平（5.1和5.2节）、陶孟仑（第七章）、邓建新（6.1至6.3节）和研究生陈天沛（第一章）、阳学进（第二章）、苏阳阳（3.4至3.6节）、陈萍（3.1至3.3节）、杨公波（第四章）、朱雄涛和罗玲玲（5.1和5.2节）、潘小帝（5.3和5.4节）、杨公波（6.1至6.3节）、张斯阳（6.4和6.5节）、孙科（第七章）。本书引用了中央电视台CCTV10在武汉理工大学智能制造与控制研究所拍摄的3个科技之光节目的图片和解说词；引用了多家数字科技有限公司等虚拟现实企业及相关专业网站的资料。在研究所攻读博士学位和做博士后研究的教授李勋祥博士、副教授肖文博士生等提供了结合他们博士论文研究和博士后工作的成果。港珠澳大桥柴瑞工程师和交通部原总工程师凤懋润教授也给与了我们一定的帮助。

笔者的研究工作得到了国家自然科学基金项目（51175395、51205293）的资助。本书的出版得到了广西制造系统与先进制造技术重点实验室开放基金项目"虚拟现实技术进展及其应用研究（14-045-15S10）"的资助。

由于虚拟现实技术发展迅速，加之作者水平所限，书中难免有错漏之处，衷心希望广大读者以及相关专家批评指导，使本书在修订中日臻完善，如有指正请联系 cadcs@126.com。

2014 年秋于武昌

作者简介

　　陈定方（1946 年－），湖北武汉人。现任武汉理工大学机械工程与计算机应用技术专业教授，博士研究生导师。主编或共同编写出版了《现代机械设计师手册》《机械 CAD 与专家系统》等书籍，担任《中国机械工程》《工程图学学报》等杂志的编委。培养了硕士研究生 200 名、博士研究生 50 名、博士后 6 名。

作者履历

　　1979 年到武汉水运工程学院（现武汉理工大学）任教。现为武汉理工大学机械工程学科"责任教授"，机械工程、计算机应用技术、物流技术与装备专业博士生导师；

　　1972 年 2 月—1979 年 2 月在河南新乡柴油机厂担任机械制造设备与加工工艺工程师，有十多项技术改造和技术革新；

　　1970 年 7 月—1972 年 1 月在中国人民解放军 6090 部队劳动锻炼；

　　1969 年毕业于华中工学院（华中科技大学）机械制造设备与加工工艺专业；

　　1964 年毕业于湖北省武昌实验中学；

　　1961 年毕业于武汉市第 45 中学；

　　1958 年毕业于湖北省武昌实验小学；

成就及荣誉

在计算机辅助设计、人工智能与专家系统、科学计算可视化与计算机仿真、基于网络的虚拟设计/制造等方面开展了系统、深入的研究工作，主持并完成了国家科技攻关、国家自然科学基金、国家"863"高科技计划、国家火炬计划以及机械部、交通部、冶金部、湖北省、河南省、江苏省、江西省、武汉市的一批重大科研项目，取得了一批国内领先或具有国际先进水平的科技成果，获国家发明专利39项、实用型专利30项；获国家重大科技成果奖和省部级以上科学技术进步奖30项。在国际、国内学术会议及重要刊物上发表学术论文300余篇，被SCI、EI、ISTP、INSPEC等收录200余篇。主编或共同编写出版了《机械CAD与专家系统》《机械CAD基本教程》《机械设计专家系统研究与实践》《面向对象编程的C++/ES》《推动经济的2010年技术预测101项》《中国机械设计大典》《现代设计方法研究及应用》《虚拟设计》《分布交互式汽车驾驶训练模拟系统》《机电产品现代设计：理论、方法与技术》《现代设计理论与方法》《现代机械设计师手册》《Galfenol合金磁滞非线性模型与控制方法研究》《五彩缤纷的虚拟现实世界》等16部著作、译著、教材。

1988年被国家人事部授予"国家级中青年有突出贡献专家"称号，享受国务院特殊津贴，2012年被江西省聘为"赣鄱英才555工程""高端人才柔性特聘计划"专家，先后担任湖北省和武汉市制造业信息化专家委员会副主任、中国人工智能学会智能制造专业委员会副主任、全国高等学校制造自动化专业委员会常务理事、湖北省机械设计与传动专业委员会副主任委员、湖北省机械工业自动化专业委员会主任委员、湖北省机电一体化协会副理事长，中国科学院计算技术研究所智能处理开放研究实验室客座研究员，南昌大学、江苏大学、长沙理工大学、三峡大学、湖北理工学院、南昌工程学院、温州大学等兼职教授，《计算机辅助设计与图形学学报》《中国机械工程》《振动、测试与诊断》《工程图学学报》《计算机辅助工程》《装备制造技术》《武汉理工大学学报》等学术刊物的编委。

CONTENTS 目录

从我们记事起，幻想就伴随着我们，它在夜晚出现，在我们发呆时出现，在我们闲聊时出现，它无时无刻不在我们身边。

在观看演唱会时，你是否幻想过在炫目舞台上表演的那个人就是你，舞台下的观众为你欢呼，为你疯狂；在读武侠小说时，你是否幻想过你就是其中侠骨柔情的主人公，匡扶正义，执剑天涯；看着《西游记》，你是否幻想过自己就是无所不能的齐天大圣孙悟空，上天入地，呼风唤雨。沉浸在幻想中的你忘却了身边的琐碎，到达另一个美妙的世界。幻想带给你幸福的感觉，在幻想中你可以成为任何你想要的自己，你就是主角。要是能有一种科技，让我们的种种幻想最大程度地真实呈现就好了！

第一章 虚拟现实ABC

交互操作滑翔装置

汽车驾驶模拟系统

初见虚拟现实

亲爱的读者，祝贺你生活在当今这个科技飞速发展的时代，如今有一种技术真的能实现那些看似不能、有点天方夜谭的幻想，这就是虚拟现实技术。首先我们认识一下什么是虚拟世界。

其实，虚拟世界就像是我们幻想中的世界，它并非真实存在，但是当你沉浸于其中时，它能带给你无限的惊奇，它能实现你所思所想所感的一切，不再是现实中"什么样就是什么样"，而是"想怎么样就怎么样"。顾名思义，"虚拟世界"就是模拟出来的现实世界。听起来玄妙的虚拟世界其实离我们的生活并不遥远，例如，我们查线路的地图，手机上的游戏，以及观看的电影如《黑客帝国》、《星球崛起》等。

那什么是虚拟现实技术？虚拟现实技术能带给我们什么呢？这就是本书要带给大家的惊喜。虚拟现实就是在一个完全虚拟的场景里，我们既能身临其境般地沉浸在其中，还能直观而自然地与

汽车驾驶模拟系统

这个世界中的一切实时交互，而事实上我们却是置身在场景之外的。在汽车驾驶模拟系统中，操作人员身处虚拟的汽车内部，操作相应的设备，犹如在驾驶真的汽车一样。

虚拟现实技术融合计算机图形学、人工智能、计算机网络、信息处理等技术，利用计算机技术生成一种模拟环境，通过各种传感设备使用户"投身"到模拟环境中，与环境直接进行自然地交互。

家居沉浸　　　　　　　　　　交互操作滑翔装置

虚拟现实的特性

沉浸感

沉浸感又称为临场参与感，是指使用者作为主角存在于虚拟环境中的真实程度。理想的虚拟环境应达到使用户难以分辨真假的程度，如实现比现实更理想化的照明和音响效果等。在虚拟环境中，使用者的视觉、触觉、嗅觉等感觉上的反应与现实世界的完全一样，有身临其境之感。要实现这种感觉，必须对人类的视、听、触、嗅、味觉进行恰如其分的模拟，而这些感觉的模拟很大程度上是通过虚拟外部设备来完成的。

交互性

交互性是虚拟现实技术最主要的特征。在虚拟环境中，用户不仅可以控制其中的 3D 对象，甚至还可以互相通讯。对于那些想寻求刺激运动但是又害怕的人来说，虚拟现实技术为其提供了一个享受的平台。在交互操作滑翔装置上，小伙子用手操作在屏幕上虚拟出的滑翔装置，既不用担心自己的安全又可以体验滑翔的乐趣，同时还可以掌握滑翔的技术，可谓一举三得。

构想性

构想性强调虚拟现实技术具有广阔的可想象空间，用户沉浸在虚拟环境中通过交互可以获得新知识，不仅可再现真实存在的环境，还可随意构想客观上不存在的环境。

从网络游戏、3D 电影、旅游到艺术教育和大型综艺节目，从虚拟商城到虚拟博物馆，从室内设计到汽车制造，从军事训练到航空航天，从室内锻炼到足不出户学开车……随处都能看见虚拟现实的影子，随处都能感受到虚拟现实的存在。

虚拟现实发展足迹

俗话说"一回生两回熟"，当我们再次见到虚拟现实时，是否会有种倍感亲切的感觉呢？如果你要和虚拟现实成为朋友，那么就需要更深入地了解它。虚拟现实从哪里来？虚拟现实发展到什么程度了？虚拟现实能给我们带来什么？怎么与它相处？接下来就让我们再次走近虚拟现实，去追寻一下它曾走过的足迹。

虚拟现实诞生在哪里呢？很多人都会好奇。1965 年，美国国防部高级研究规划署信息处理技术办公室主任在其发表的一篇文章中指出："应该将计算机显示屏幕作为一个观察虚拟世界的'窗口'，计算机系统能够使窗口中的景象、声音、事件和行为非常逼真"。不久，虚拟现实应运而生。

虚拟现实技术发展中的"第一次"

1968 年，有虚拟现实"先锋"之称的计算机图形学创始人 Ivan Sutherland 使用两个可以戴在眼睛上的阴极射线管，研制出了第一台头盔式立体显示器，并发表了题

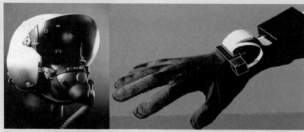

头盔式立体显示器　　　　　数据手套

为"A Head-Mounted 3D Display"的论文，对头盔三维显示装置的设计要求、构造原理进行了深入讨论，并绘出了这种装置的设计原型，成为三维立体显示技术的奠基性成功之作。

1975 年，Myron Krueger 提出了"人工现实"的思想，展示了称之为 Videoplace 的"并非存在的一种概念化环境"。

20 世纪 80 年代，美国宇航局及美国国防部组织了一系列有关虚拟现实技术的研究，并取得了令人瞩目的研究成果，从而引起了人们对虚拟现实技术的广泛关注。

1985 年，Scott Fisher 等研制了著名的"数据手套"，该装置可以测量手指关节的动作、手掌的弯曲以及手指间的分合，从而可通过编程实现各种手语。

1986 年研制成功了世界上第一套基于头盔式显示器和数据手套的虚拟现实系统 VIEW。这是世界上第一个较为完整的、多用途、多感知的虚拟现实系统，它使用了头盔显示器、数据手套、语言识别与跟踪等技术，并应用于空间技术、科学计算可视化、远程操作等领域。

20 世纪 90 年代以来，在"需求牵引"和"技术推动"下，虚拟现实技术取得了突飞猛进的发展，并将技术成果成功地集成到一些很有实用前景的应用系统中，例如用虚拟现实技术设计波音 777。

美军作战训练虚拟仿真系统

虚拟现实技术
在国外的发展

足迹在美国

美国作为虚拟现实技术的发源地，其研究水平基本上代表了国际虚拟现实技术发展的水平。

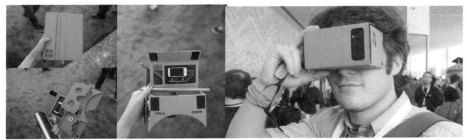

DIY 头戴式设备——谷歌 Cardboard

美国宇航局已经完成了对哈勃太空望远镜的仿真，建立了卫星维护虚拟现实训练系统、空间站虚拟现实训练系统和可供全国使用的虚拟现实教育系统。现在正致力于一个叫"虚拟行星探索"的试验计划。

北卡罗来纳大学 (UNC) 的计算机系是最早进行虚拟现实研究的机构，他们主要研究分子建模、航空驾驶、外科手术仿真、建筑仿真等。

Loma Linda 大学医学中心的 David Warner 博士和他的研究小组成功地将计算机图形及虚拟现实设备应用于探讨与神经疾病相关的问题，首创了虚拟现实儿科治疗法。

麻省理工学院是研究人工智能、机器人和计算机图形学及动画的先锋，1985 年麻省理工大学成立了媒体实验室，专注于进行虚拟环境的正规研究。

华盛顿大学华盛顿技术中心的人机界面技术实验室，将虚拟现实技术研究引入了教育、设计、娱乐和制造领域。

谷歌在 2014 年的谷歌 I/O 大会上首次亮相 Cardboard DIY 头戴式设备，其采用了折叠设计，能够与任何安装了 Cardboard 应用的 Android 手机相连。

目前美国在虚拟现实领域的基础研究主要集中在感知、用户界面、后台软件和硬件四个方面。

足迹在英国

在虚拟现实技术开发的某些方面，特别是在分布式并行处理、辅助设备（包括触觉反馈）设计和应用研究方面，英国是居于领先地位的，尤其是在欧洲。

英国研制跳伞模拟器虚拟现实训练系统

英国工业集团公司，是国际虚拟现实界的著名研发机构，其正在开发一系列关于娱乐业方面的虚拟现实产品，在工业设计和可视化等重要领域也占有一席之地。

英国航空公司正利用虚拟现实技术设计高级战斗机座舱。

英国高级机器人研究有限公司进行了远程呈现技术的研究，主要包括虚拟现实技术的重构问题。

英国国防部研制了跳伞模拟器虚拟现实训练系统。

足迹在日本

日本主要致力于建立大规模虚拟现实知识库的研究，在虚拟现实游戏方面的研究也处于领先地位。京都的先进电子通信研究所正在开发一套系统，它能用图像处理来识别手势和面部表情，并把它们作为系统输入；富士通公司正在研究虚拟生物与虚拟现实环境的相互作用，还在研究虚拟现实中的手势识别，已经开发了一套神经网络姿势识别系统，该系统可以识别姿势，也可以识别表示词的信号语言。奈良尖端技术研究生院教授千原国宏领导的研究小组于2004年开发出一种嗅觉模拟器，只要把虚拟空间里的水果拉到鼻尖上一闻，装置就会在鼻尖处释放出水果的香味，这是虚拟现实技术在嗅觉研究领域的一项突破。

日本虚拟偶像"初音未来"

虚拟现实技术在我国的发展

我国虚拟现实技术研究起步较晚，与国外发达国家还有一定的差距，但现在已引起国家有关部门和科学家们的高度重视。国内一些重点院校，已积极投入到了这一领域的研究中。

北京航空航天大学计算机系，着重研究了虚拟环境中物体物理特性的表示与处理，开发出了虚拟现实中视觉方面的部分硬件，研制出了用于飞行员训练的虚拟现实系统、虚拟现实应用系统开发平台等；浙江大学CAD&CG国家重点实验室开发出了一套桌面型虚拟建筑环境实时漫游系统；哈尔滨工业大学已经成功虚拟出了人的高级行为中特定人脸图像的合成、表情的合成和唇动的合成等技术问题；清华大学计算机科学和技术系对虚拟现实的临场感方面进行了研究；西安交通大学信息工程研究所对虚拟现实中的立体显示技术进行了研究；北方工业大学CAD研究中心是我国最早开展计算机动画研究的单位之一，我国第一部完全用计算机动画技术制作的科教片《相似》就出自该中心。武汉理工大学智能制造与控制研究所和艺术设计学院对虚拟现实技术同样做了大量研究，完成了武汉东湖香云别苑鸟瞰图。

武汉东湖香云别苑鸟瞰图

走近虚拟现实武装部

所谓虚拟现实武装部，实际上就是实现虚拟现实需要的工具部门，而这些工具可以让你在虚拟世界中畅游。那么，这些工具到底是什么呢？让我们来初步了解一下吧！

虚拟现实武装部中最重要的成员是计算机。计算机的存在让虚拟世界得以构建，让人们可以通过计算机与虚拟世界交互并进行信息的传递。计算机还可以帮助我们把武装部成员有机联合起来，让武装部成为一个不断壮大的队伍。

虚拟现实中用到的工具，很大程度上与虚拟现实的特性有关。在虚拟现实中，如果我们想有真实感觉，那么工具是必不可少的。这些工具的开发依赖于人，它们能模拟出人的视、听、触、嗅、味觉。让我们见识一下吧！

视觉 俗话说"眼见为实"，可是在虚拟世界里面，眼见却并非为实，我们眼见的，都是虚幻的事物。而这些虚幻的事物有时需要我们通过某种利器才能很好地感受到，并沉浸其中，这种利器就是数据头盔，也称为头盔式显示器。

听觉 虚拟世界是一个耳听为虚的世界，在虚拟世界中听到的声音，都是由计算机生成并通过扬声器播放出来的。例如，当扬声器播放头顶有一架飞机从左至右飞过的声音时，你闭上双眼，就仿佛真的感觉到头顶有一架飞机从左至右飞过。这就是声音带给你的刺激。

触觉 在现实生活中，当我们伸手去触摸物体时，会有一种触碰的感觉，觉得物体其实也给了你相应的信息。那么，虚拟现实技术是怎样让我们有这种感觉的呢？这正是力反馈的作用。在虚拟现实世界中，力反馈能带给我们真实的触感，这种反馈的产生得益于力反馈装置。

来自约克大学和华威大学的一个英国科学家小组发起了一项计划，研制世界上第一款真正意义上的虚拟现实头盔，这种装置能够模拟视觉、嗅觉、听觉、触觉甚至味觉，让所谓的"真实虚拟"变得更加可信。

这款头盔名为"虚拟茧"，内装专门研发的电子设备，包括高清晰、高动态的电脑显示屏，高技术含量的扬声器，用来向佩戴者面部吹热、冷风的风扇，以及可以在鼻子下方释放化学物质的"嗅觉管"，以模拟真实世界中的气味。

触觉和力反馈装置

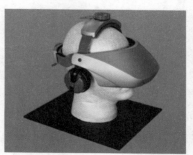

数据头盔

智能头盔"虚拟茧"

3D 图形

3D 是 three-dimensional 的缩写，3D 图形即三维图形。

虚拟世界中显示的 3D 图形，人眼看起来像真的一样。而计算机屏幕是平面二维的，我们之所以能欣赏到真如实物般的三维图像，是因为 3D 图形显示在计算机屏幕上时，色彩灰度的不同使人眼产生视觉上的错觉，将二维的计算机屏幕感知为三维图形。例如绘制 3D 文字，在原始位置显示高亮度颜色，而在左下或右上等位置用低亮度颜色勾勒出其轮廓，这样在视觉上便会产生 3D 的效果。

3D 文字

3D 游戏人物

力反馈

力反馈是由我们身体或身体某部分的运动产生的肌肉运动知觉，力反馈技术原本是应用于游戏上的一种虚拟现实技术，它利用机械表现出的反作用力，将游戏数据通过力反馈设备表现出来，让用户身临其境地体验游戏中的各种效果。例如道路上的颠簸或转动方向盘感受到的反作用力等。

其实，力反馈现象存在于我们日常生活的方方面面。

杠杆作用力　　　　　　　　　　阻力　　　　　　　　　　接触

第一章　虚拟现实 **ABC**

虚拟现实技术的应用

随着计算机技术的发展，虚拟现实技术被广泛应用于城市规划、医疗、娱乐与文化艺术、卫星与航天、室内设计、地产开发、虚拟工业仿真、应急处理预演、文物古迹还原、产品展示、教育等各个领域。后文将对上述应用进行详细的介绍。

虚拟现实与城市规划

虚拟现实与医疗　　　　　　虚拟现实与娱乐

虚拟现实与艺术

虚拟现实与航空航天　　　　　　虚拟现实与室内设计

虚拟现实与地产开发

虚拟现实与工业仿真

虚拟现实与文物古迹还原　　　　　三峡大坝虚拟现实

相关网站

1. 太行军事网：美军使用新型飞行模拟器为 T-45 教练机减负
   http://www.thjunshi.com/gjjq/2013/3/1/18223.shtml
2. 源创世纪网：虚拟现实（VR）技术在古城影像、文物复原方面的应用
   http://cnlvjing.com/apply/20110605/culturalrelic.html

第二章 虚拟现实技术在军事航天领域的应用

虚拟军事模拟

普通人的飞天梦

2.1 虚拟军事模拟
——"兵不血刃"的战争

随着科学技术的飞速发展，军事作战模拟仿真技术出现了新的飞跃。通常作战模拟分为实地军事演习、现场实验、沙盘作业、图上作业、战争对策、计算机模拟仿真和分析模拟仿真。其中计算机作战模拟仿真运算速度快、可靠性强、损耗代价小，是一种崭新的模拟仿真方式。因此，虚拟现实技术作为一种最新的计算机人机交互技术，首当其冲应用于军事作战模拟领域。这不仅为研究战争问题、作战的指挥和训练提供了科学方法，使研究的进程更为逼真，更接近实战，而且使研究结果更加可信，有利于作战指挥艺术和作战技能的提高。

虚拟战场环境

利用相应的三维战场环境图形图像库，包括作战背景、战地场景、各种武器装备和作战人员等，并通过背景生成与图像合成创造一种险象环生、几近真实的立体战场环境，从而产生"沉浸"于真实环境的感受和体验，使受训者"真正"进入形象逼真的战场，在视觉和听觉上真实体验战场环境、熟悉作战区域的环境特征，从而增强受训者的临场感觉，大大提高训练质量。

虚拟军事战场

为适应现代高科技战争的需要，一些国家集中三军的财力和新技术设备在本土构建了相互连接的现代化军种模拟演练基地，强调要建设"逼真的战场"。美国陆军在吸收了海军的"神炮手"计划和空军的"红旗"计划等改革经验后，在加利福尼亚南部巴斯托市郊的欧文堡、洛杉矶的波尔克堡和德国的贺汉弗尔斯等地建立起作战演练中心，拉开了在"准战场"打现代高科技战争的正规化、系统化、规模化建设序幕。

单兵模拟训练与评判

借助 3D 虚拟仿真技术，输入不同的单兵处置方案，士兵可以通过立体头盔、数据服、数据手套或三维鼠标操作传感装置，做出或选择相应的战术动作，体验不同的作战效果，进而像参加实战一样，锻炼和提高技术水平、快速反应能力和心理承受能力。

在这样的虚拟作战环境下，可以使众多军事单位参与到作战模拟中，而不受地域的限制，可大大提高战役训练的效益，还可以评估武器系统的总体性能，启发新的作战思想。借助虚拟军事演习系统进行训练，能以较小的代价、较短的时间实施大规模战区、战略级演习，并可通过多次演习或一次演习多种方案，发现、解决实战中可能出现的问题。

单兵模拟训练

美军于 20 世纪 70 年代末开始将模拟训练器材应用于部队训练，80 年代以来，美军更加重视适合于实战要求的作战模拟系统的研制。截止到目前，美军已能够模拟 35 种武器装备的操作使用和相应的战术演练。在针对海湾战争的训练中，美军大量采用了模拟坦克、装甲车辆等器材。通过模拟仿真训练，既避免了采用实兵、实车、实弹等进行训练带来的武器、弹药的损耗，又保证了人身安全，节省了大量经费。

虚拟 Stinger 训练器

军事决策者希望把虚拟现实训练降低到单兵的级别。涉及这种要求的一个课题是 TNO Physics Electronics Laboratory（物理电子实验室）在荷兰开发的"虚拟 Stinger 训练器"。

Stinger 是为防御低空飞机而设计的紧凑的由士兵发射的火箭，它已应用于世界上很多军队。荷兰军队使用的标准的 Stinger 训练器包括 20 米直径的投影拱顶，背景景色由安装在拱顶上的一台有鱼眼镜头的投影机投影，安装在机械臂上的两台运动投影机投影攻击飞机的两个独立的图像。指导者确定攻击场景，并用工作站跟踪训练过程。

虚拟 Stinger 训练器

多军种联合虚拟演习

建立一个"虚拟战场"使参战双方同处其中，根据虚拟环境中的各种情况及其变化"调兵遣将""斗智斗勇"，实施"真实的"对抗演习。与常规的训练方式相比较，虚拟现实训练具有环境逼真、身临其境感强、场景多变、训练针对性强和安全经济、可控性强等特点。

1983 年美国陆军制定的虚拟环境研究计划 SIMNET 是最早的分布式虚拟战场环境，这一计划将分散在不同地点的地面坦克、车辆仿真器通过计算机网络联合在一起，进行各种复杂任务的训练和作战演练。从 1994 年开始，美国陆军与美国大西洋司令部联合开展了战争综合演练场的研究，建成了一个包括海陆空多兵种、有 3700 多个仿真实体参与、地域范围覆盖 500 公里 × 750 公里的军事演练环境。

指挥决策模拟

利用虚拟现实技术，根据侦察情况资料合成战场全景图，让受训指挥员通过传感装置观察双方兵力部署和战场情况，以便判断敌情，制定正确决策。美国海军开发的"虚拟舰艇作战指挥中心"就能逼真地模拟与真的舰艇作战指挥中心几乎完全相同的环境，生动的视觉、听觉和触觉效果，使受训军官沉浸于"真实的"战场之中。

指挥决策训练场景

美军曾经使用过许多作战模拟系统来培训军事人员，并取得了显著的效果。目前，美军更进一步采取措施，通过设置"军官虚拟现实教程"来强化人员培训。从训练效果看，这种"军官虚拟现实教程"大大优于以往陆军联合训练中心所实施的作战模拟训练和实战演习的方法。仅需5个月就能培训出既具备战术专家素质，又能直接观察与分析战场态势，并能指挥与控制所属部队进行作战的军官。

武器系统设计与评估

将虚拟现实技术用于武器系统的各个阶段，已成为武器研发的重要组成部分。在方案探索与确定阶段，应用作战性能建模来检验各种不同的设计方案，确保系统的设计性能。采用虚拟样机设计，可保证系统设计的首次制造的正确性，降低研制费用，缩短研制周期。虚拟试验可以模拟地形、可能出现的各种情况和环境因素，缩短试验时间和降低试验费用。虚拟制造用于精确模拟计划的生产设施和过程，保证可生产性，降低制造成本，减少生产时间。

例如，美军改进型M1坦克作战试验，采用实物仿真需要2年，耗资4000万美元，而采用分布式交互仿真技术，只需3个月，花费640万美元。美国霍尼韦尔公司采用虚拟样机技术开发新型飞机电子座舱，使设计周期从2年半缩短到2个半月。虚拟样机在设计过程初期，就能够提供飞行员直接体验具备新设计优点的"虚拟"系统，并能随时按照订货方要求，现场修改设计，美军用这一技术成功地设计了"阿帕奇"和"科曼奇"武装直升机的电子座舱。

武装直升机虚拟设计

在被仿真的系统中嵌入实际使用的作战系统和武器系统，可以在近似实战的情况下，对作战系统进行技术和效能的评估。

美军扩展的防空系统试验台（EADTB），就是一种战区级的多对多的双边模型，它可以仿真多国联合的、多武器平台的敌我双方攻防对抗。EADTB 连接了北约欧洲盟军最高司令部技术中心、亚特兰大空间基地、国家试验设施和海军的一个试验场地。它以西南亚地区为作战背景，用 30 个专用系统和分系统表示对抗双方的性能数据，可以为用户提供一个完整的试验环境，可对武器作战效能和成本提供良好的评估。

相关网站
- -

1. 水晶石教育网站主页：http://www.crystaledu.bj.cn/course/architectural/vrlong/new/
2. 数虎图像网站：虚拟现实技术在军事上的应用 http://www.cgtiger.com/news/364.html
3. 国防科技网：美国军事虚拟现实战场模拟应用概况 http://www.81tech.com/jun-gong-jishu/201301/14/jishu44841.html

2.2 普通人的飞天梦

——虚拟嫦娥奔月

2010 年 10 月 1 日 18 时，中国探月工程二期的技术先导卫星"嫦娥二号"在西昌卫星发射中心顺利升空。

"嫦娥二号"卫星重量为 2480kg，其中燃料重量约 1300kg，七种科学探测设备重约 140kg。"嫦娥二号"主要的探测使命包括获取高精度月球表面三维影像，探测月球物质成分、月壤特性、地月和近月的空间环境等。其分辨率由"嫦娥一号"卫星的 120 米提高至 10 米以内。

"嫦娥二号"卫星承载了如此重要的使命，大家肯定对卫星发射的过程很感兴趣。然而 2010 年 9 月 28 日起至"嫦娥二号"发射时，西昌卫星发射中心全面戒严，发射中心停止接待游客，这就使现场观看成为了一种奢望，我们只能通过电视、互联网等获得瞬间的效果。那么我们能够身临其境，完全感受卫星发射的全过程吗？答案是肯定的，随着虚拟现实技术的不断发展，这种奢望已经成为现实。通过虚拟现实技术，我们能够身临其境地感受"嫦娥二号"的发射过程。现在就让我们随着中国数字科技馆蓝色外星人的步伐，一起感受一下卫星发射的全过程吧。

进入登录界面，我们看到的是高耸入云、整装待发的"嫦娥二号"卫星。左上角的导航坐标能够帮助我们手动实现"嫦娥二号"卫星发射完成的一系列动作，主要包括发射、奔月、绕月。

登录界面

发射

当一切准备完毕之后，"嫦娥二号"点火发射。霎时间，地动山摇，呼啸声震耳欲聋，卫星冲天时喷出的烈焰和西沉的夕阳在天幕上勾勒出一幅美丽的画面。

卫星发射画面

奔月

曾经，神话故事中的"嫦娥奔月"留给我们很多的遐想，现在，"嫦娥二号"承载着我们更多的好奇，踏上了奔月之旅。在虚拟现实技术的帮助下，我们可以完全沉浸其中。

奔月的主要目的是为中国探月工程二期"嫦娥三号"任务实现月面软着陆，验证部分关键技术，并对"嫦娥三号"预选月球虹湾着陆区进行高分辨率成像，同时继续开展对月球科学的探测和研究。

在虚拟世界里，我们可以看到"嫦娥二号"卫星的奔月过程，同时也可以通过角度的切换从多角度进行观看。

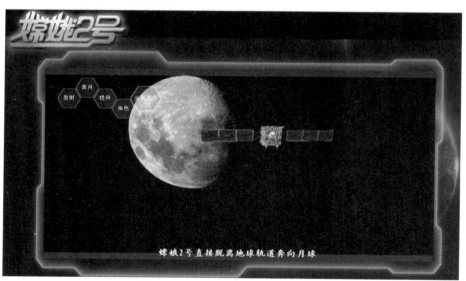

卫星奔月

卫星绕月

绕月

　　"嫦娥二号"卫星从浩瀚太空的一角缓缓飞入美丽的月球，长长的飞行轨迹犹如一条飘逸的白色丝带，卫星环绕月球表面数圈，获取相应的数据。

　　对于整个发射过程，我们也可以根据个人兴趣，不受顺序制约，随时切换到任何一个状态，观看自己想要的内容。在虚拟现实环境中，我们能够实现手动演绎卫星发射、奔月、绕月、月球漫步等飞行的全过程，让"奔月之旅"成为永恒。

　　随着科技的不断进步，在不远的将来，我们可以利用虚拟现实技术，在家中身临其境地观看"嫦娥三号"以及其他卫星的发射，到那时，我们就真的能够实现每个人的"奔月"梦想了。

　　快快来亲身感受一下卫星发射带给你的震撼和虚拟现实技术的美妙吧！

相关网站

"嫦娥二号"登录界面：http://news.sina.com.cn/pc/2010-09-30/27/5732.html

第三章 虚拟现实技术在生活文化娱乐领域的应用

艺术也"撒谎"　　　电影也"疯狂"　　　武汉市民之家虚拟展示馆

玩转 3D 游戏　　　普通人的"穿越"梦　　　清明节虚拟在线祭祖

3.1 艺术也"撒谎"

  如果有一天，当你正在细细欣赏蒙娜丽莎的微笑时，她却突然对你开口说话，你会不会瞠目结舌？当你在舞台中央翩然起舞时，突然间，舞台上变化出很多你意想不到的景象，而这些正是你内心深处最想诠释的，你会不会喜极而泣？当你在"中国好声音"的赛场上感受歌手们的你追我赶、深情对唱时，而你其实身在千里之外，你会不会大呼过瘾？有人说如今的中国水墨山水画不仅可以远观，还可以近游，你有没有好奇与期待？是否想抬脚踏入与古圣先贤遥相交汇的泼墨山水之中？……这些都已经或即将成为现实，而这些正是虚拟现实技术与艺术的巧妙结合，让我们怀着探秘之心去感受一下这些奇迹的出现吧！

-------------------- **3D 魔幻艺术展** --------------------

  《蒙娜丽莎》开口说话了，"我 16 岁时嫁给了弗朗西斯科，是他的第三任妻子。"述说自己情感经历的不是别人，正是达芬奇画笔下的蒙娜丽莎。蒙娜丽莎并非出现在卢浮宫，而是出人意料地出现在世界经典艺术多媒体互动现场。

蒙娜丽莎向观众挥手致意

除了能看到会说话的《蒙娜丽莎》之外，我们还能看到，米开朗基罗正在介绍他的技法特点；古埃及纸莎草纸画上的人物则在解释"生死的秘密"；爱神维纳斯深情地张开双臂。这是国内首次融合 3D 技术、全息技术以及语音互动技术举办的高科技艺术展。利用虚拟现实技术，古代的艺术大师和经典艺术作品中的人物全都被赋予了生命，能说会动，活灵活现。

米开朗基罗在画室讲述他的技法特点

全息让人"窒息"

你说那时屋后面有白茫茫茫雪呀

萨顶顶表演时的虚拟环境

2012 年央视春节联欢晚会上，一首《万物生》让人们记住了毕业于解放军艺术学院的萨顶顶，而《万物生》的背景画面也让人印象深刻。萨顶顶在表演时，其身前身后都有立体画面呈现，花朵从天空中飘落下来，落到萨顶顶的前面，飘落的花朵甚至还遮挡住了萨顶顶，就好似萨顶顶的前面有块透明显示屏，事实上，她前面什么都没有。萨顶顶优美的歌声加上本次春晚运用的高科技手段——虚拟现实 360° 全景全息影像技术，为全国观众展示了恍如仙境的唯美 3D 画面。

虚拟现实 360° 全景全息影像技术在 2012 年央视春晚、2012 年湖南卫视跨年晚会中被多次使用，主要用来营造 3D 氛围，再配合升降机械组成的表演台型变化，利用电视镜头，延伸了舞台的纵深感和空间感，实现了以假乱真、亦真亦幻的多维立体效果。

全息影像技术

全息影像技术，简言之，就是利用光的干涉和衍射原理，记录并且再现物体三维图像的技术。干涉可以用来记录物体的光波信息，衍射能够再现还原这些信息。观众无需配戴 3D 眼镜便可以看到虚拟人物，该技术主要是利用全息立体投影设备完成的，并非我们所说的数码技术，而是将不同角度的影像投影至国外进口的全息投影膜上。

全息影像技术从 1977 年开始成为科幻电影的标配：《第六日》里栩栩如生的虚拟女管家把硬汉施瓦辛格迷得神魂颠倒；《阿凡达》里的 3D 沙盘帮助人类军队模拟备战；《碟中谍 4》里，潜入克里姆林宫窃取情报的阿汤哥用一块能够制造以假乱真场景的幕布成功骗过了谨慎的守卫。全息影像技术不仅在电影中有较好的应用，在 3D 服装秀、3D 网店、大型综艺节目以及车展都得到了不同程度的应用。

全息影像应用展示

全息影像技术还能给我们带来什么样的惊喜呢？还有什么是我们不知道的呢？

她可爱迷人、歌声曼妙，演唱会上数千粉丝为她如痴如醉，专辑一发售就被抢购一空，她就是世界上第一个全息影像歌手"初音未来"。但是"初音未来"并不存在，她只是日本游戏公司开发的虚拟歌手软件中的主角，也是第一个拥有自己专属声音的动漫人物。她的歌声不是人声而胜似人声，她能轻易唱出人类不可能或极难唱出的歌曲，她的代表作《初音未来的消失》中有一段落 1 秒钟包含 12 个高音节，几乎没有换气的时间。

全息歌星"初音未来"

2012 年 7 月 25 日，"一统天下：秦始皇的永恒国度"展览在香港历史博物馆举行，有史以来最大型的秦兵马俑军团与香港市民见面，观众除可观赏历来最多、造型多变的兵马俑外，亦可从其他秦始皇陵出土文物中，窥见秦始皇的另一面。

此次展览主打以科技结合历史与艺术，斥资 1100 多万设多媒体展区，为以往"冷冰冰"的文物展增添了娱乐元素。在"飞跃秦始皇陵"中，首次以32 台投影机配合无缝拼接技术，让 3D 影像可在 270° 的巨型环回悬浮幕中"流动"，配合激昂的背景音乐，观众坐于悬浮幕中享受 4 分钟影片，恍如置身于兵马坑中，亲历秦始皇陵的山河景色。空中成像区域色彩鲜艳，空间感、透视感十足，拥有高度仿真的对比度和清晰度。空中幻像可以结合实物，实现影像与实物的结合，亦可营造亦幻亦真的氛围，给人以视觉上的冲击，具有强烈的立体纵深感，真假难辨，效果奇特。

在"兵俑工坊"的"千人千面"环节中，利用了投影技术令秦俑雕塑产生彩绘效果。通过添加触摸屏实现与观众的互动，观众可通过各种手势和动作自行为秦俑"上色"，专为小朋友而设的"Q 版"秦俑雕塑甚至能做出"眼仔睩睩"的效果，表情活灵活现。以下各图为我们展示了此次难得一见的高科技展览。

AR 互动虚拟展厅《发现地下王国》

多媒体展墙《地下兵团的秘密》

360° 曲面投影《军人本色》

异型弧幕《秦人与马》

悬浮幕《飞跃秦始皇陵》

多媒体交互《兵俑工坊》

虚拟音乐喷泉

音乐喷泉是近几年出现的一种园林建筑与音乐欣赏相结合的产物。喷泉是人工环境中观赏价值最高、最富有生命力的理想景观之一。规模可大可小，射程可高可低，喷出的水，大者如珠，细者如雾，变化万千，引人入胜。概括来说，喷泉景观可以分为两大类：一是因地制宜，根据现场地形结构，仿照天然水景制作而成，例如，壁泉、涌泉、雾泉、管流、溪流、瀑布、水帘、跌水、水涛、漩涡等；二是完全依靠喷泉设备人工造景。这类水景近年来在建筑领域广泛应用，发展速度很快，种类繁多，有音乐喷泉、程控喷泉、摆动喷泉、跑动喷泉、光亮喷泉、游乐喷泉、超高喷泉、激光水幕电影等。

随着计算机软件与硬件技术的飞速发展，新型喷泉与计算机的交互应用越来越广泛。在虚拟场景中水的动态效果对增强场景真实感有十分重要的作用，在游戏动画、影视制作、虚拟漫游系统中添加由计算机生成的奇妙喷泉水景，可大大提高作品的真实感和直观性。因此，虚拟喷泉技术在房地产开发、游戏设计、风景园林、影视制作和建筑设计等方面具有非常广阔的应用前景。下图展示的就是由武汉理工大学智能制造与控制研究所开发的虚拟音乐喷泉，喷泉与音乐交相呼应，随着音乐的变化变换出各种夺目的形态，引人入胜。

虚拟音乐喷泉

科技演绎国韵

　　一幅总长五米，共绘制各色人物五百五十多个，牛、马、骡、驴等牲畜五六十匹，车轿二十多辆，大小船只二十多艘的画卷——清明上河图，让人感受到了北宋年间汴京的极度繁盛。

清明上河图

"会动"的《清明上河图》

　　在 2011 年上海世博会上，一幅"会动"的《清明上河图》，让在场的观众大饱眼福。这幅画高 6.3 米，长 130 余米，即便观众走马观花也得看 10 分钟。该画利用了投影和动画技术，使观众能感受到流淌的河水、飘动的帆船、往来的市民、商客、骆驼、鸡犬，配以流水潺潺，小贩的吆喝，亦真亦幻，仿佛把我们带回了那个繁盛的年代。在观看中画卷的天色也能晦明变化，4分钟一个日夜轮回。

"会动"的《清明上河图》正是虚拟现实技术与平面水墨画相结合的产物，这种科技与艺术的结合创造出了一种全新的效果，不仅实现了水墨画的动态展示，更重要的是让我们的传统文化得到了另一种形式的传承。

以数字化的方式创作出的中国山水画打破了传统的二维平面限制，不仅可以在数字化的虚拟三维空间营构山石树木，还可以展现动态的行云流水，是一个比较前沿的研究课题。水墨山水画数码三维仿真的意义在于，采用数字技术的方式研究和探索中国山水画艺术，以数字化的三维虚拟空间作为水墨山水的创作媒介和平台，从而开辟中国山水画创作和审美的新视野。

中国山水画数码三维仿真方面的研究近年来有了新的突破，例如，已不仅仅是对中国画单纯的水墨笔法效果进行模拟或仿真，而是较为全面的水墨意境情趣的仿真；研究的适用性变大，可以很好地表达三维动态的水墨效果，如山石、云雾、流水的实时三维动态变化效果，这也是计算机仿真中国画水墨效果的最大特色。

毕业于武汉理工大学的李勋祥博士通过长期的数码图形艺术实践，认为利用国际顶尖的数码三维动画与建模软件 Maya 即可很好地实现中国水墨山水的数码三维仿真。他将数字化技术与传统艺术相结合，进行了许多新的尝试，例如数码山石、树木的造型；各种墨法及运用技术；三维水墨360°视角、生长、水墨变化、风吹效果等，都栩栩如生，颇具艺术美感，下图是其创作的数码三维风吹树木和水墨动画效果的截图，轻风徐至，枝摇叶摆，不胜美哉。

中国水墨山水的数码三维仿真

中国水墨山水的数码三维仿真（续）

相关网站

1. 搜狐 IT 网站：TCL 世界经典艺术多媒体互动展在京开幕
   http://it.sohu.com/20090817/n266015508.shtml
2. 香港秦俑展料吸引 40 万人入场 主打科技结合历史
   http://www.chinanews.com/ga/2012/07-25/4056535.shtml

3.2 电影也 "疯狂"

当你戴着特殊眼镜观看《布瓦那魔鬼》《蜡屋》这类惊险片时，发现自己躲在逃跑的火车中，你有没有大叫？恭喜你，你成了电影制片人的"牺牲品"，你被电影俘获了，你已经成为了一名流动演员，你已经是导演心中最棒的演员，这就是3D 立体电影给我们带来的快感。

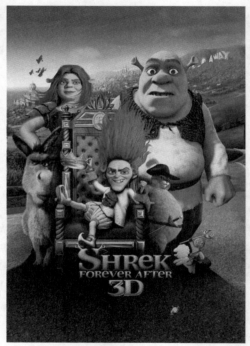

怪物史瑞克

有没有大胆地想过，你看过的大片《金刚》中的金刚，《阿凡达》中的纳威族，《猩球崛起》中的凯撒，《怪物史莱克》中的史瑞克，这些角色都是虚假的，这些角色其实你也可以扮演？

在这里要告诉大家的就是，利用虚拟现实技术，你也可以设计出人们心目中的"巨星"。下面去领略一下虚拟现实技术带给电影的神奇吧！

3D 原来如此

说到 3D 电影，简单理解，就是当我们看电影时会觉得电影里的事物和现实世界中一样具有立体感，栩栩如生。那么你有没有想过 3D 电影是如何制作的呢？回答这个问题之前，我们需要去了解一下我们的眼睛是如何感知立体的。

根据双视角成像原理可知，在同一环境中，我们左右眼形成的图像存在着细微差别，图像经过大脑识别处理后，我们便感受到了立体环境的存在。下图是单独用左眼和右眼观看同一景象时形成的图像，大家可以对比一下。

左右眼分别成像图

双目视角成像原理

人类的双眼相距 6～7cm，所以在观察一个三维物体时，由于两眼水平分处在两个不同的位置上，所观察到的物体图像是不同的，它们之间存在着一个像差。由于这个像差的存在，通过人类的大脑，就可感觉到世界的立体变化，这就是双目视角成像原理，如右图所示。

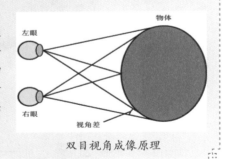

双目视角成像原理

3D 电影拍摄过程中就需要去模拟双视角成像原理，从而实现立体图像的成形。为了实现这个过程，首先必须有左右两个相机去捕获环境影像，然后将左图交给左眼观看，右图交给右眼观看，再交给大脑进行识别处理形成立体图像。

我们无法插手大脑识别图像这一环节，但是我们可以通过改变立体图像的呈现方式来控制如何将左右两幅图像交给大脑。当我们观看 3D 电影时，需要戴上 3D 眼镜，3D 眼镜有多种，主要有：快门式 3D 眼镜、偏振光眼镜、红蓝立体眼镜等。其中红蓝立体眼镜价格便宜，并且对显示器没有要求，可以在电视、投影幕上面观看；但是这种眼镜实现立体的方法有个缺点，就是会存在一点重影。在电影院使用的一般是偏振光眼镜，这种眼镜价格略贵一些，我们生活中更常用红蓝立体眼镜。

红蓝立体眼镜原理

左放映机拍摄到的画面通过红色镜片（左眼），拍摄时剔除掉的红色像素自动还原，从而产生真实色彩的画面，当它通过蓝色镜片（右眼）时大部分被过滤掉，只留下非常昏暗的画面，很容易被人脑忽略；反之亦然，右放映机拍摄到的画面通过蓝色镜片（右眼），拍摄时剔除掉的蓝色像素自动还原，产生另一角度的真实色彩画面，当它通过红色镜片（左眼）时大部分被过滤掉，只留下昏暗画面，传递给大脑后被自动过滤。下次去看 3D 电影时，一定要好好感受一番。

红蓝立体眼镜

动感之旅——4D 电影院

3D 和 4D 有什么区别呢？也许这会是大部分读者的疑问，看看下面的介绍你就明白了，赶快吧！

通过上面的阅读，相信你已经对 3D 电影的形成有了一定的了解，我们即将介绍的 4D 电影院，实际上就是在 3D 电影院的基础上加上了观众周边环境的各种特效和专业动感座椅。环境特效一般有闪电模拟、下雨模拟、降雪模拟、烟雾模拟、泡泡模拟、降热水滴、振动、喷气、喷雾、刮风等。4D 电影院的设备构成相对复杂，但具有更多的自由度和更强的动感效果。从下图中，让我们再次感受一下 4D 电影院中的刺激吧！

4D 电影院播放 4D 电影

--------------- 未来战士不成问题——数据头盔 ---------------

如果你看过电影《终结者》，那么应该记得由施瓦辛格饰演的机器人，它在看东西时，所见物体的所有数据都会显示在它的眼镜上。这虽然在当时是一部科幻题材的电影，但是现在的技术确实已经可以做到了。当然，人的裸眼不可能像机器人一样，人们需要一种特殊的设备来达到这样的效果。数据头盔便是这样一款特殊的显示装备。

终结者 3

数据头盔是最早的虚拟现实显示器，它通过将人对外界的视觉、听觉封闭，引导用户产生一种身处虚拟环境中的感觉，正如你在一个完全封闭的环境中生活一样，只是你看到的事物都是非真实的。下图所示的士兵正通过数据头盔观测山头的数据。

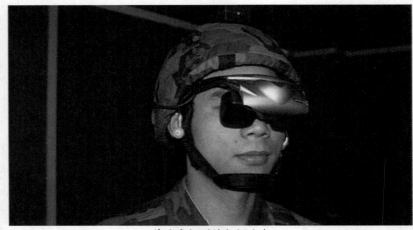

单兵虚拟训练数据头盔

数据头盔的发展史

　　最初的头盔显示器的原理是将小型显示器所产生的图像由光学系统放大。具体来说，小型显示器所发射的光线经过凸透镜使影像折射产生类似远方的效果，即凸透镜成像原理。利用此效果将近处物体放大至远处观赏从而达到所谓的全像视觉。

　　随着计算机技术的发展以及 3D 技术的日益成熟，现今的数据头盔可以通过左右眼屏幕分别显示左右眼的图像，人眼获取这种带有差异的信息后在脑海中产生立体感，正是利用了前文中讲的双视角成像原理。人们可以获得三维立体的图像信息，将场景真实还原。如今，经过 30 多年的发展，数据头盔得到了广泛应用，相关技术也获得了巨大的进步。

　　随着制造技术的先进化和成熟化，数据头盔在现代先进军事电子技术中得到普遍应用，成为单兵作战系统的必备装备，并且拓展到民用电子技术中，虚拟现实电子技术系统首先应用了数据头盔。例如，波音公司在采用虚拟现实技术进行波音 777 飞机设计时，数据头盔就得到了应用。此外，在很多仿真游戏、影视系统中，数据头盔也都得到了很好的应用。

　　利用数据头盔用户可采取现实生活中的方式来操纵模拟场景中的物体，并改变其方位、属性或当前的运动状态。如此一款可以"弄假成真"的系统，又有多少人能抵挡住它的诱惑呢？但是现在一套头盔显示系统的价格还非常高，没有达到普及的价格水平。想要实现人人都能体验头盔显示系统，还有一段路程要走。

　　亲爱的读者，你们要加油哟，也许一款简单且价格适中的数据头盔将从你们手中产生！

手套也可这样——数据手套

亲爱的读者，知道下面《猩球崛起》中安迪·瑟金斯手上戴的是什么吗？有人会说，这是手套。不错，这确实是手套，可这不是一般的手套，这种手套在《猩球崛起》等多部电影中有着不可忽视的作用。那么这到底是什么手套呢？它到底有什么作用呢？请继续往下阅读吧！

《猩球崛起》中的数据手套

《猩球崛起》中显示的手套是一种数据手套，这种手套可以记录我们手指关节的运动，并且将这些运动信息传递给电脑，最后通过系统相应的加工，形成我们在屏幕上看到的手指运动效果。从下面两图我们可以看出，戴上数据手套后，数据手套记录了人手的动作，而同时在电脑描述的环境中，显示了该动作；图中人手做了抓住物体的动作，同时在电脑中也显示出了人手抓住一块木条的动作。通过这两幅图很好地反映了数据手套的功能。

数据手套关节运动

数据手套抓取物品

各种类型的数据手套

数据手套能准确实时地将人手运动状态传递给虚拟环境，并能把与虚拟物体的接触信息反馈给操作者，这样操作者能以更加直接、自然的方式与虚拟世界互相通信。数据手套的运用也相当广泛，不仅仅限于生活中，在军事上也有一定程度的应用。例如，美国波音公司制造了一架虚拟飞机，运用数据手套对其进行控制，从而观察设计结果，考察其性能指标。上图中展现了几款数据手套。

我们需要知道，数据手套本身并不提供其与空间位置相关的信息，即数据手套不记录手指在空间中的具体位置，这部分工作将由下面介绍的位置跟踪器来完成。

衣服也能如此设计——位置跟踪器

亲爱的读者，前面我们已经讲解了头部和手上的装备，那么你有没有想过我们的身体也可以通过类似的衣服来武装一番呢？答案是肯定的，当我们在特殊衣服上安装一种跟踪器的时候，我们就能在计算机显示屏上看见我们的身体是如何运动的了。

在上面的介绍中，我们知道数据手套能记录手的动作，也知道它是通过一种叫位置跟踪器的设备了解手在哪个位置，那么位置跟踪器是什么呢？

下图所示的套在手指末端的设备就是手指跟踪器。手指跟踪器可以跟踪手的运动方向以及手指的位置，该设备配合数据手套便完成了手部动作的记录传输。如果戴上它是不是有种蜘蛛侠的味道呢？

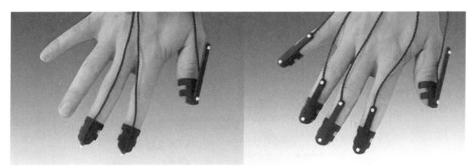

手指跟踪器

　　讲了手指跟踪器后，你肯定想知道我们要装备的衣服是什么样子的。在《阿凡达》场景图中，可以看见演员穿着的黑色（灰色）服装上有一些块状的物体，是的，这就是我们采集动作的标记点，这些标记点记录了人身体的相应动作，并将动作反映到我们的计算机中。其实，当你穿上这套服装时，你也可以成为计算机中的虚拟人物，甚至可能成为《阿凡达》电影中的一员。

《阿凡达》场景数据衣

　　以下两图会让你更真切地感受到这套衣服的魅力，你是否现在就想拥有一套这样的衣服呢？

《猩球崛起》场景

《猩球崛起》模拟场景

虚拟摄像机

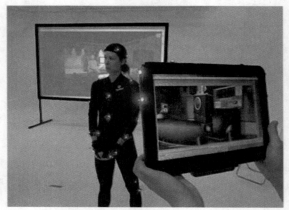

虚拟摄像机实时记录演员的动作

你是否记得，在电影《阿凡达》的开始部分，飞船到达潘多拉星球时，萨利看见的那些巨大的树木和瀑布？这些由 3D 透视创造的虚拟景象赋予了潘多拉星球无与伦比的真实感，观众所感受到的将与萨利感受到的一样。在《阿凡达》逼真的人物形象背后，离不开大量 3D 虚拟摄影机的应用。

为了将人物形象逼真地还原出来，导演詹姆斯·卡梅隆花费 10 年时间研制出新一代的动态捕捉技术和全新的 3D 摄影机，或者说是 3D 虚拟影像撷取摄影系统。演员穿上贴满各种感应器的特制服装做出各种动作，经拍摄后传至计算机进行仿真成像。新系统规模比以往的动态捕捉系统大 6 倍，演员头部安装了可监察眼、口和任何细微动作的高清摄影机，可制造出超强的真实感。

新一代的虚拟摄影机可采集真人表情，并将这些表情"贴"在经计算机加工后的纳威人脸上。在拍摄时，演员戴上高清摄像头，记录表情变化，最后通过仿真制作出表情丰富的动画人物。

在拍摄过程中，除了采集演员面部表情外，工作人员还专门架设了一套"协同工作摄影机"，多达 140 部摄影机同时对准一个演员，拍摄演员身上反射过来的光线，通过计算机处理后获得整个特效镜头。

由于电影《阿凡达》60% 的画面都是 CG 制作的，传统实景拍摄采用的手提摄影、摇臂摄影等设备表现出了很大的局限性，而卡梅隆运用自己开发的虚拟摄像机解决了这一问题。使用虚拟摄像机，不但可以预览已经结合了演员表演和虚拟场景的画面，还能铺设出导演想要的所有镜头运动。在这个过程中，运动轨迹能够被系统捕捉下来，并合成到后期的画面处理中。依靠这套神奇的设备，卡梅隆在 CG 世界中运行自如，让画面呈现出实拍一般的动感。

我们也可以成为"猩猩凯撒"
——头套式面部表情捕捉系统

众所周知，表情上的细微动作能反映出人的内心世界，一部好的电影就应该达到演员的一颦一笑都真实地反映其内心，这样我们才能被电影打动。因此，高质量捕捉并反映演员的面部表情在虚拟电影制作中至关重要，这项技术被称为表情捕捉技术。

之前，瑟金斯出演《魔戒》中的咕噜姆、《金刚》中的金刚都是通过这一技术实现的，但是由于当时技术不成熟，大部分的动作都是由计算机对数据经过大量修正才得以完成的。

传统动作捕捉技术拍出的角色效果都是一脸"死气"，根本没办法让观众入戏，然而从《阿凡达》开始，"头套式面部表情捕捉系统"出现，该系统能精确地捕捉到演员的面部表情，使得人物形象更加真实。我们可以看到瑟金斯在《猩球崛起》中出演的凯撒，他的表情通过头套式面部表情捕捉系统捕捉后，把相关数据传输到计算机中，得到虚拟环境中人物的表情。该捕捉系统已经将瑟金斯的表情精确地反应给了凯撒，接着通过人物的后期处理，就可以使虚拟人物更加活灵活现。

《魔戒》中表情捕捉系统与最终在计算机中虚拟成的咕噜姆

《猩球崛起》中凯撒的面部捕捉效果

凯撒在片中的眼神很出色，它面对男女主角离开的眼神、它从冰箱偷走药剂时的眼神，都传达出它内心的变化，不少观众甚至被片尾猩猩们各自复杂的眼神感动到泪奔，这都得益于面部表情捕捉系统的应用。

现在，你是否有一种冲动想戴上这些先进设备，过一把明星瘾呢？

相关网站

1. 北京朗迪科技有限公司 VR 外设产品
2. 百度百科：红蓝眼镜 http://baike.baidu.com/view/4563332.htm
3. 上海英梅信息技术有限公司网站：头盔显示器
   http://www.sungraph.com.cn/web/interaction/toukxsq.htm
4. 百度百科：3D 全息影像技术 http://baike.baidu.com/view/4744346.htm
5. 水一方网站：三维全息成像
   http://www.ifshow.cn/product/%C8%F-D%CE%AC%C8%AB%CF%A2%B3%C9%C
   F%F1.shtml
6. 东南网：专访威塔工作室《猩球崛起》特效制作大起底
   http://www.fjsen.com/o/2011-10/28/content_6563419_6.htm
7. 维爱迪动画创作家园：揭秘《阿凡达》诞生之谜
   http://www.chinavid.com/academic/2010-1-27/101273841888_4.htm

3.3 玩转 3D 游戏
——虚拟现实技术在游戏中的应用

在一个阴暗的病房里，年轻的海军士兵约书亚·弗莱正在往自己头上戴一个护目镜，他手中握着一个手柄，手、手臂、胸部都贴满了传感器，然后像《黑客帝国》中的尼奥一样，弗莱进入了一个惨烈的战场。

全光谱战士

这不仅仅是一个游戏，更是一种心理治疗。事实上，弗莱刚从伊拉克战场回来，中弹受伤后，他被转送到了美国海军医疗中心治疗。因为亲眼目睹战友惨死，他夜夜噩梦，梦中充满了战友支离破碎的身体。弗莱肩膀和胸口上的伤口虽已痊愈，却仍时时感受到突然袭来的剧痛。他时常突然从轮椅上跌落，口中喃喃自语道："我们根本不该去伊拉克。"

在游戏里，费莱再次走在被炸得满目疮痍的费卢杰大街上，他见到了黑色的烟雾、爆炸后的残火以及支离破碎的西亚建筑；听到了炮声、枪声、坦克重重碾过地面的声音，以及不难辨认的战

友的痛苦呻吟……几分钟后，他的心跳开始加速，呼吸变得急促，手心发热，身边的监视器不停地刷新显示着他的心跳值。

这是一款典型的"浸入式"心理治疗游戏。美国南加州大学的研究员以一款专为军队格斗训练设计的射击游戏"全光谱战士"为基础，改编了这款游戏，用来治疗那些患有战后精神紊乱症的士兵。这款游戏利用虚拟现实技术，让病人"重返"极度逼真的战争现场，调动病人在视觉、听觉、触觉甚至味觉方面的多重感官反应，让他直面自己恐惧的源头，然后告诉他："别怕，一切都是假的。"

3D 游戏孤岛危机场景

这些就是 3D 游戏带给我们的真实感，然而这些到底是怎么做出来的呢？

3D 游戏就是三维游戏，我们用肉眼所看到的现实空间就是三维空间，具有长、宽、高三种度量。三维游戏（又称立体游戏）是相对于二维游戏（又称平面游戏）而言的，因其采用了立体空间坐标的概念，因而显得更加真实，而且对空间操作的随意性也更强，更容易吸引人。

三维游戏如此受欢迎是有原因的。3D 游戏技术涵盖在虚拟现实技术之中，它模拟的是整个世界，包括存在和非存在的世界，并以数字化的形式体现，它将虚拟现实技术的真实、互动、情节化的特性表现得淋漓尽致。例如孤岛危机游戏场景就采用了 3D 制作，使得游戏场景中的山峦、飞机、桥梁等都栩栩如生。目前还有很多其他受欢迎的经典3D 游戏，例如，魔兽世界、上古卷轴、永恒之塔、指环王、诛仙、龙之谷、流星蝴蝶剑等。

传统的游戏，其特性、技术重在满足人们娱乐、有情趣等精神需要。随着时代的发展，模拟体验类游戏所占比例越来越多，也越来越受到人们的喜爱。数字化的形式，让人们实现梦想直面未来，体验现实和常规情况下不能完成的事。可以说，电脑游戏自产生以来，一直都在朝着虚拟现实的方向发展，虚拟现实技术发展的最终目标已经成为三维游戏工作者的崇高追求。

三维游戏既是虚拟现实技术重要的应用方向之一，也对虚拟现实技术的快速发展起到巨大的需求牵引作用。尽管存在众多的技术难题，虚拟现实技术在竞争激烈的游戏市场中还是得到了越来越多的重视和应用。随着三维技术的快速发展和软硬件技术的不断进步，在不远的将来，真正意义上的虚拟现实游戏必将为人类娱乐、教育和经济发展作出更大的贡献。

3.4 普通人的"穿越"梦
——数字博物馆

　　随着"穿越"题材的电视作品在荧幕上的轮番轰炸,我们在了解中国历史发展的过程中,也多多少少都滋生了一个"穿越"梦。

　　"我穿越了!"也许很多朋友都希望在某一天早晨睁开眼时发现自己穿越了,穿越到了一个自己喜欢的特定历史时期或特定的场合中。我们可以去听听孔老夫子的讲课,去看看三国战场上的激烈战斗,去偷听小燕子和五阿哥的悄悄话……

　　当然,真实的"穿越"是不可能的,我们这里所提到的"穿越"是基于虚拟技术制作出一种虚拟的世界,我们可以"穿越"其中。

　　下面我们就通过虚拟博物馆来实现自己的"穿越"梦吧!

　　随着信息技术的迅猛发展,通过虚拟现实技术、网络技术构筑的虚拟博物馆问世了。虚拟博物馆的问世,不仅可以实现我们的"穿越"梦,更能打破实体博物馆的局限性,大大扩展博物馆的延伸空间,最大限度地拓展博物馆的功能,满足社会大众多层次多方位的精神需求。

圆明园复原图

　　据统计，中国已登记在册的文物点约有 35 万处，收藏于各类博物馆中的文物多达 1200 万件，每年还有大量的文物出土，但由于受到时间、空间以及保存条件、保护技术等诸多限制，能够展出和提供研究的文物仅占极少的部分。如南京博物院藏品有 41 万件，而常年展出的仅有 5 千件，不足 1.25%。

　　通过虚拟现实技术制作出的虚拟博物馆，使我们利用网络环境或者其他环境就可以欣赏到更多的文物古迹，甚至还可以欣赏到很多已经被破坏了的古迹，比如圆明园。当我们感慨古代人民超凡的智慧与技艺时，又不得不感谢虚拟现实技术给我们带来的便捷。看到圆明园复原图，你有没有一种"穿越"的感觉呢？

圆明园小知识

历经沧桑的圆明园

　　圆明园，坐落在北京西郊海淀区，与颐和园紧相毗邻。它始建于康熙四十六年（1707 年），由圆明园、长春园、绮春园三园组成。有园林风景百余处，建筑面积约 16 万平方米，是清朝帝王在 150 余年间创建和经营的一座大型皇家宫苑。圆明园有"万园之园"之称。1860 年 10 月，圆明园遭到英法联军的洗劫和焚毁，成为中国近代史上不容抹去的一页屈辱史。

虚拟博物馆

利用虚拟现实仿真平台（VR-Platform）技术，结合网络技术，可以制作出虚拟的文物，可以将真实世界中文物的展示、保护提高到一个崭新的阶段。使用虚拟现实仿真平台技术可以推动文博行业更快地进入信息时代，实现文物展示和保护的现代化。

在文物古迹仿真方面利用虚拟技术可以做到以下事情：文物建筑、景点虚拟展示及虚拟复原；文物虚拟展示及虚拟复原；古代人像及行为虚拟展示；古代自然现象、天体现象等运动规律虚拟复原展示；虚拟博物馆漫游、在线虚拟博物馆系统的开发；博物馆虚拟展示展厅硬件系统的开发等。

虚拟文物（展馆）的制作过程

看到如此新奇的博物馆，大家肯定会问，这么神奇的博物馆是怎么做出来的呢？其实当我们对虚拟技术有了一定的认识之后，就会发现制作过程其实并不是我们想象中那么复杂。

第一步：将文物实体通过影像数据采集手段，建立起实物三维或模型数据库，保存文物原有的各项形式数据和空间关系等重要资源，实现濒危文物资源的科学、高精度和永久性保存。

第二步：利用虚拟技术来提高文物修复的精度，预先判断、选取将要采用的保护手段，同时可以缩短修复工期。

第三步：通过计算机网络来整合大范围内的文物资源，并且利用虚拟技术更加全面、生动、逼真地展示文物，从而使文物脱离地域限制，实现资源共享，真正成为全人类可以"拥有"的文化遗产。

云冈陈列馆

云冈陈列馆位于云冈石窟景区西部，背依武周山第二十窟露天大佛，南临十里河畔，总建筑面积约 6600 平方米。陈列馆由宽 4 米、跨度 40 米的若干拱形顶梁交错排列组成，地面以上高 5.8 米，地面以下 6 米。云冈陈列馆于 2011 年 8 月底完成布展工作，9 月正式对游客免费开放，通过北魏时期文物展、3D 技术等向游客全面"讲述"云冈石窟的历史背景、开凿过程等故事。

云冈陈列馆中央展区

伫立在云冈陈列馆展区中，我们可以通过多媒体影像观看到北魏辉煌历史和云冈石窟的开凿历程，以及北魏时期皇家礼佛的场景。宏大的展厅，超大的屏幕，三位一体的画境，极具震撼的视听效果，在近 15 分钟的影像播放中，影中群像动，空中众灵飞，让人目不暇接，恍若置身于历史的时空，身心产生恢弘的交响，久久难以平静。

云冈石窟

云冈石窟小知识

公元前1世纪，在茫茫的北方原野上，鲜卑部落的拓跋氏族举部西迁。公元338年，拓跋首领什翼犍建立政权，国号大代，而38年后，前秦征讨代国，代政权覆灭，但鲜卑民族并未因此而沉寂。新首领拓跋珪率领部众，凝聚力量，重整旗鼓。公元386年，拓跋珪称帝，国号大魏，定都于平城，以此为基，开始了长达数十年的北方统一战争，于公元439年完成北方一统，史称南北朝。

北魏道武帝拓跋珪于公元386年建都平城，平城地处胡汉之交，这种地理特征促进了农耕与游牧民族之间的多方交流。北魏的繁荣与昌盛又推进了佛教的兴盛与发达，林立的寺庙预示着中国佛教史上一个旷世之作即将到来！

武周山，地处平城西北，一尊尊气势宏伟的大佛在时光中静坐，北魏新安二年，高僧昙曜奉文成帝之命在此开山造佛，经千百年的昼夜轮回，天寒地冻，日晒雨淋，十万工匠的汗水结晶，注满了武周山。

这一幕书写了中国佛教史上不可磨灭的浩瀚篇章，成就了人类文化史上一项令人永远铭记的工程——云冈造佛。旭日的光芒照耀了平城的浮屠珈蓝，北魏帝国沉浸在了诸恶莫作、众善奉行的教化之中。

巍巍武周山，春华秋实，夏雨冬雪，水榭洞天，烟色相望，繁育万物，洋洋大观。来此礼佛朝拜的人们犹如身临佛国圣境，登武周，仰佛光，仿佛已到极乐西方。

虚拟陵墓乾陵

2006年西安市乾陵博物馆与维远公司、中视典数字科技公司合作，对唐高宗李治和一代女皇武则天的合葬陵墓乾陵及其周围方圆100平方公里的区域进行了三维数字化仿真，借助VR-Platform仿真平台优良的画质表现、海量数据处理能力、丰富的交互功能和良好的插件系统（无缝嵌入Director多媒体软件），该项目得以顺利进行，最终以优良的品质获得了大家的一致认可。

实时信息查询功能　　　　　　使用方向盘进行模拟开车或飞行

第三章　虚拟现实技术在**生活文化娱乐领域**的应用

文物虚拟展示及复原——酒樽文物仿真

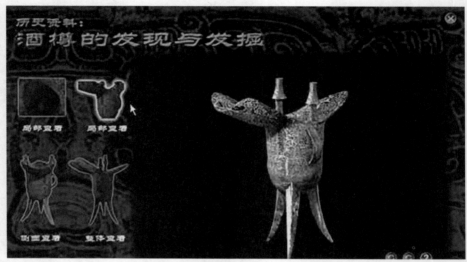

酒樽文物仿真

　　利用虚拟现实仿真平台（VR-Platform）技术，对各种文物建立起实时三维显示，可以将文物的展示与保护提高到一个崭新的阶段。虚拟现实仿真平台技术拥有强大的界面编辑能力和动作控制器，无需借助外部多媒体软件即可实现多媒体界面制作，并添加按钮以及设定相应的触发事件。在酒樽文物的仿真中仅用虚拟现实仿真平台技术就完成了全部的多媒体界面编辑操作。

相关网站

1. 中国虚拟博物馆主页：http://www.museumcn.com/
2. 广西容县明代商业风情街网页：
   http://www.vrp3d.com/download/gujian/index.htm
3. 文物物品虚拟展示及虚拟复原网页：
   http://www.vrp3d.com/download/jz/index.htm

3.5 清明节虚拟在线祭祖

我国传统节日清明节大约始于周代，距今已有 2500 多年的历史。在这一天，不仅有禁火扫墓的习俗，而且各朝的诗人还留下许多佳句，更增添了这个传统节日的文化气韵。

每年的清明，陕西黄陵县桥山都会举行公祭轩辕黄帝大典，来自海内外的华夏子孙聚首黄帝陵前，缅怀共同的先祖。这里沮水如龙腾云，桥岭似凤展翅，九沟小龙俯首，阳圪山系栖凰，盘岗龙珠在颔，角柏直插云霄。轩辕黄帝的陵冢就在"背依桥山龙虎地，门对印台凤凰池"的天人合一之地，体现了中国人择地安尸，以永祚千秋的心愿。

黄帝陵全景

2011 年清明公祭轩辕黄帝大典　　　　重阳节黄帝陵祭祖

轩辕黄帝

黄帝轩辕氏像

　　黄帝（Huangdi, Yellow Emperor, 前 2717~ 前 2599 年），轩辕氏，为华夏人文初祖，与炎帝（Yan Emperor）并称为中华始祖，中国远古时期部落联盟首领。少典之子，本姓公孙，长居姬水，故改姓姬，居轩辕之丘（今河南新郑西北），故号轩辕氏，出生、创业和建都于有熊（今新郑），故亦称有熊氏，因有土德之瑞，故号黄帝。

　　陕西黄帝陵是国家 5A 级旅游区，全国重点文物保护单位。陵园内有古柏 8.3 万余株，其中千年以上古柏 34600 余株，是我国现存最古老、保存最完好的古柏群。相传已有 5000 多年历史的"黄帝手植柏"被称作"世界柏树之父"。黄帝在传统上被作为先秦几个王朝的共同始祖，黄帝陵为中国历代帝王祭祀黄帝的场所，因此这里的草木保护完好。

　　当然，传统的祭祀方式在现代化的今天却又带来了很多的不便，主要表现在：大量燃烧烟花爆竹造成环境污染，甚至引起火灾等安全隐患；大量香客的流动给交通和治安带来很大的压力。

根据深圳消防支队提供的信息，每年清明节期间，由于祭祀活动频繁，经常由燃烧祭品引发火灾事故。而2012年清明节假期，深圳市共发生40宗火灾警情，抢险救援警情53宗，救助警情14宗，消防部门出动319车次，消防员1914人，有很多火灾警情是由燃烧祭祀品引起的。

在提倡文明祭祀的今天，网上三维祭祀黄帝陵赢得诸多网友追捧。通过VRPIE三维网络平台软件制作的黄帝陵三维场景，在每年的祭祀期间，由西部网举办网上祭祀黄帝陵活动，可供人们网上祭祖，这也是国内第一个大型网上三维宣传活动。

不能亲临现场参加祭祀大典的人，只要登录西部网，单击"三维虚拟祭祖平台"（http://sub.cnwest.com/subject/wsjz2008/3w/）专题，就能进入到虚拟黄帝陵中，直接体验祭祖现场凝重热烈的气氛。通过这个网络界面可以了解到我们的祖先黄帝，也可以了解轩辕殿、黄帝陵祭亭等景点，还可以签写留言表达我们对先祖的敬意。

三维虚拟祭祖平台

轩辕殿　　　　　　　　　　　　虚拟黄帝陵祭亭

网友留言

　　当然，我们也可以访问西部网清明公祭轩辕黄帝专题或公祭轩辕黄帝网，通过鼠标轻轻一点，便可在网络上为先祖献一束鲜花，点一支蜡烛，敬一杯美酒，留一条短信，抒发自己对先人的哀思。

　　近年来，清明节黄帝陵三维虚拟祭祖在每年的祭祀大典期间都得到新华网、人民网、中国网、新浪、网易、腾讯、西部网等各大媒体的宣传报道，同时公祭活动受到的网络媒体的关注率也越来越高。五千年文明，追念炎黄先祖，自古为厚德载物；九万里河岳，回瞻华夏子孙，从来是自强不息。

相关网站

1. 在线祭祀网页：http://sub.cnwest.com/subject/wsjz2008/3w/
2. 公祭轩辕黄帝网：http://www.huangdi.gov.cn/
3. 清明节黄帝陵三维虚拟祭祖：
   http://www.vrp3d.com/zhuanti/huangdiling/index.html
4. 网易博客：2011清明公祭轩辕黄帝大典
   http://blog.163.com/sun_j816/blog/static/12002716620113510108879/
5. 清明公祭轩辕皇帝：http://travel.cnwest.com/node_7525.htm
6. 西部网：黄帝陵全景
   http://travel.cnwest.com/content/2008-03/18/content_1182237.htm

3.6 武汉市民之家
虚拟展示馆

大家是否有过这样的经历，希望近距离观看世界名品却由于距离太远而无法参观；希望体验最新科技却由于票价太贵而难以企及；希望了解一个国家的历史文化却对厚厚的书本望而却步；希望弄清一个城市的道路交通却对复杂繁琐的地图深锁眉头……现在有了虚拟展示馆，一切问题都迎刃而解。

虚拟展示馆是利用计算机图形学技术构建的数字化展览馆，它采用三维互动体验的方式，以传统展馆为基础，利用虚拟现实技术将展馆及其陈列品移植到互联网上进行展示、宣传与开展教育活动，突破了传统意义上的时间与空间的局限。

武汉规划展示馆是武汉市民之家的重要组成部分。武汉规划展示馆是一个城市综合性博物馆，它全面地展示了武汉的历史、现在和未来。全馆总建筑面积为22430平方米，布展面积约17000平方米，共5层（另含2个夹层），18个展区，通过展馆我们可以清晰地了解武汉这个城市。然而，由于种种原因人们总是不能现场体验武汉规划展示馆的奇妙之处，武汉规划展示馆网上虚拟展示馆给我们带来了体验机会，让我们足不出户便可通过互联网体验武汉的历史、现在甚至未来。

武汉市民之家

武汉经济开发区

当我们进入到武汉规划展示馆网站（http://www.wpeh.com.cn/）的虚拟展示馆大门时，展馆一层立即进入眼帘，有大厅、综合导览区、文化长廊、序厅、公示区及公共服务区等，这些展区展示了武汉区位优势、文化魅力和地方特色。

当我们游览到展馆二层时，武汉的历史、现在与未来的画面在我们脑海中清晰的划过，一首《离骚》、一次武昌起义及第一次地铁启动无一不展现了武汉的变化。展馆二层半还包含畅达交通和实力武汉等展区，展示大交通和大产业的综合实力。

三层包括总规模型厅、历轮总体规划，以总规模型厅为核心，也是全馆游览的高潮，展示武汉建设国家中心城市目标和两大国家战略。

"幸福"对不同的人来说都有不同的意义，正如萝卜白菜各有所爱一样，展馆四层以自己独有的幸福理念，通过沉浸式互动方式，打造了展馆的幸福体验区，让参观者体验安全、快捷和生态的城市生活，并展示重点工程和基础设施的规划建设情况。五层为国土规划管理展区，包括开放式的规委会议事大厅，是市民参与规划决策的重要场所。

通过武汉规划展示馆网上虚拟展示馆我们可足不出户参观武汉规划展示馆，了解武汉历史、感受武汉发展、触摸武汉未来。

展馆大门

虚拟展示馆页面操作简单，利用鼠标拖动或单击"工具"按钮即可360°无死角了解展馆。"前进（后退）"按钮便于我们选择下一个（上一个）场景，"上下左右"按钮可360°旋转转换场景，"加号（减号）放大镜"按钮可放大（缩略）场景，"照相机"按钮可以截下我们喜爱的场景。图中的"小脚"图标可让我们踏入眼前的场景，如亲身体验一般。更加贴心的是虚拟场景提供全景路线，可自动播放全部场景，选择时间长度控制播放速度，并伴有语音解释。

操作页面

单击"下一场景"或通过鼠标滑动即可了解展馆的外观全貌。

展馆全貌

进入过虚拟展示馆的人们都会感慨，这就是武汉规划展示馆，这就是虚拟现实带来的沉浸感。下图展示了展馆的不同区域。

展馆不同区域

虚拟展示馆有着实际展馆所不能匹敌的优势，真正实现了"想看哪儿就在哪儿"。现实中我们难以到达的地方，虚拟展示馆可以轻松搞定。例如大型展区长江、汉水两江四岸缩略图，该展区沙盘较大，不便于近距离观看，但在虚拟展示馆中，我们可以多角度、全方位地观看到我们所希望看到的各个部分和细节。

不同角度的两江四岸缩略图

值得一提的是，虚拟展示馆中还展示了市民之家的模型沙盘，通过沙盘，参观者们可以更为全面、具体地了解武汉规划展示馆。

市民之家模型

让我们回顾一下虚拟展示馆给我们带来的方便：

（1）对于一些不适合实体博物馆的艺术品（新媒体、非物质的、无形的）的展出，通过虚拟展示馆可以方便的展示。

（2）当今社会的文化留存更为困难，通过虚拟展示馆可达到数字典藏、永久保存的目的。

（3）建立虚拟展示馆有利于学校与社会的资源整合（交换和共享）。

（4）虚拟展示馆可提供信息个性化和智能化服务。

（5）虚拟展示馆具有广泛性，可展示于各种平台，受众更为广泛。

（6）虚拟展示馆信息反馈及时，可以更为迅速的修订与更新。

（7）虚拟展示馆具有海量容量，可以包容更为详尽的内容，对于读者来说，解读更为方便，可进行更为详细的了解。

（8）虚拟展示馆更适合一些非线性网状知识的展出（超链接的特性）。

（9）虚拟展示馆提供陈列艺术品和理论相互渗透展出。

（10）虚拟展示馆更具互动性，可以进行双向学习。

（11）虚拟展示馆可以进行开放教育。

虚拟展示馆的出现，能够使更多群体在网络平台上真实感受展馆及展品，用在线互动的方式体验"身临其境，畅游无限"的精彩世界。虚拟展示馆不仅影响广泛，让分散在世界各地的使用者进行场馆漫游与仿真互动，而且传播迅速，可在很短的时间内传播到地球的每一个角落。

第四章 虚拟现实技术在安全领域的应用

秀才不出门，便知万里路
——城市交通仿真

临危不乱
——虚拟奥运安全仿真

稳坐钓鱼台
——长江干堤失稳仿真

安全领域新的护航舰
——虚拟安全教育系统

4.1 秀才不出门，便知万里路
——城市交通仿真

-------------------- 道路出行也便利 --------------------

立交桥仿真

　　当我们兴致勃勃地驾车旅游时，如果遇到了堵车，大好的心情多半会一扫而尽；当我们急着上班开会时，一场堵车就可能耽误很多事。随着我国经济的飞速发展，汽车数量急速增长，"堵车"越来越成为人们驾车出行最头疼的事情。如何改善交通环境，提高道路通行能力，寻找最佳的交通控制和管理方法，是摆在城市交通管理部门面前的一个非常艰巨的任务，这时，虚拟现实技术就可以大展拳脚了。

城镇交通仿真

　　传统的二维电子地图由于数据模型的限制，给用户提供的分析和查询功能始终局限于平面图形和数据表的显示与操作。但是在虚拟现实世界中，用户能看到周围的各种建筑，路边的花草、树木，以及交通管理控制设施。通过相应的感官设备，就感觉像是置身于真实的城市交通中一样。驾驶虚拟车辆穿行于城市交通干道，我们可以亲身体验城市交通的通行能力及各个交通路口的管理和控制情况；还可以通过计算机模拟现实城市交通现状，利用虚拟现实技术合理有效地改变城市交通布局，完善城市道路。行业人员还可以更真实直观地在三维空间内进行各种空间查询及分析。以下两图展示的就是利用虚拟现实技术，对武汉市区的城市道路布局及交通状况进行的仿真。利用虚拟现实设备，驾驶员可以自由穿行于城市道路之中，体验"真真实实"的驾驶感。通过虚拟驾驶，不仅可以锻炼驾驶水平，还能对城市道路布局有切身的体验并提出优化意见。

武汉城市道路交通仿真（一）　　　　武汉城市道路交通仿真（二）

虚拟城市交通仿真，可以使人们置身于一个具有真实感的三维城市交通场景之中，让人们以不同的方式观察各种场景，为最终建立有效的城市交通控制和管理提供合理的依据。同时，它还可以使人们同计算机进行交流，更加直观、透明地利用相应的感官设备进行操作，寻找最佳的城市交通控制和管理数据。另外，虚拟现实技术通过优化道路规划与设计为驾驶者提供了宽松、舒适的驾驶环境，最大程度地减少了驾驶者因道路和环境的错误诱导而产生的交通事故。

高铁、地铁新军

京沪高铁、京广高铁……相信不少人都乘坐过既有速度感、舒适感又具安全性的高铁。当你享受到高铁带来的便利生活时，是否了解过从车站建设到列车系统运行这一庞大的系统？设计者如何能在未建成的情况下就了然于胸呢？这除了设计者所具备的专业知识外，虚拟现实技术在其中也发挥着不可替代的作用。

轻轨、地铁、高铁建设施工，运行过程三维仿真演示

地铁、轻轨、高铁等作为城市轨道交通运输系统的基础设施，承担着旅客上下车、中转、换乘等大量运输任务。站台是接发列车、乘客上下车的主要场所，具有人群密度大、流动性强等特点。保证乘客的乘车安全、在紧急事故中尽量避免乘客的伤亡一直是地铁、轻轨运营机构非常关注的问题。利用三维仿真技术动

态演示轻轨、地铁列车运行过程成为一个新的发展方向，通过构建地铁三维仿真综合平台，使地铁站内部设施信息化、可视化、网络化。该平台包括对地铁区域内道路交通、乘客和工作人员、设备、设施等相关的属性数据的管理，以及应对重大事故和寻求实现最佳路径及最佳救援方案等内容。三维仿真综合平台的实现可以满足社会公益中的"平时服务、急时应急、战时应战"的工作需要。

铁路线路设计涉及面广、技术性强，是关系全局的总体性工作，也是一项复杂的系统工程。最早的铁路线路设计以人工与图板为主，逐渐发展成为甩掉图板，进入运用计算机辅助设计的阶段，后来又朝着平面、纵断面、横断面优化设计的方向发展。铁路研究单位在高铁、城际铁路、客运专线隧道与桥梁等项目中，利用虚拟现实技术直观地展现设计方案与线路周边环境和地貌的融合（结合地理信息系统与卫星影像信息服务软件快速获取线路周边和地貌），评价相应工程设计方案对沿线地区所产生的影响，实现工程前期设计方案的优化和论证，从而提高铁路线路设计的生产效率，缩短工程周期，提高工程质量。

在广州枢纽佛山西站及相关工程线下站房及雨棚工程设计中，采用虚拟现实技术模拟站房及雨棚设计效果图，结合专业知识对站房及雨棚进行相关力学可靠性分析，不仅为站房构建提供了理论依据，同时缩短了设计时间，缩短了建设周期，节约了生产成本。

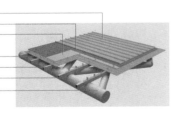

广州枢纽佛山西站及相关工程线下站房及雨棚工程设计仿真

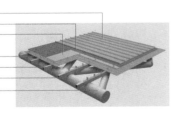

　　对高铁设计者和操作者来说，高铁是否能安全平稳的运行是他们每天都必须重视的问题。对于高铁驾驶新手或者不熟练的人来说，运行高铁无异于单脚走钢丝，为了让新手能更好地体验高铁运行的实际情况，除了实战之外，高铁驾驶模拟器也为其提供了训练手段。高铁驾驶模拟器按照现实中的驾驶舱建造，驾驶规则也与现实中的保持一致，并运用虚拟现实技术模拟演示高铁在轨道上的运行情况，其主要用于训练驾驶员对故障机突发事件的处理方法，也用于向市民推广铁路安全运营的相关知识。

高铁驾驶模拟器

----- 跨海通道建设——国家"超级工程"港珠澳大桥 -----

跨海通道建设面临更加复杂的自然环境和施工挑战，海上气象条件复杂，易受台风、季风影响，波、浪、流变化较大，也很难预测，给水上施工作业带来困难。此外，海上参照物较少，作业船只经常"摇晃不定"，测量定位工作因此困难重重。虚拟现实技术可以辅助工程师更好地解决上述问题。

建设中的国家"超级工程"港珠澳大桥，跨越珠江口伶仃洋海域，是连接香港特别行政区、广东省珠海市、澳门特别行政区的大型跨海通道，全长约 56 公里。其主体工程东起粤港分界线，西至珠澳口岸，全长 29.8 公里，采用桥－岛－隧组合方案。

传统的工程图纸以平面的形式展现并用于施工，不能直观地展示设计效果，设计方案的三维成像也只能在工程师的脑海里建立，不便于交流和方案比选。港珠澳大桥工程采用虚拟现实技术建立了大量的三维设计方案模型，可在项目实施之前就"看到"建成的效果，并用来进行不同方案的辅助比选。

（a）总体线路　　　　　　　　　　（b）青州航道桥

（c）海底隧道内装　　　　　　　　（d）隧道口部减光罩

港珠澳大桥主体工程设计方案三维图

此外，利用三维模拟技术还可以进行构件或设施的碰撞检查，能很好地检查和优化设计方案。例如混凝土浇筑前的钢筋绑扎、结构内管线布设、结构对接端的尺寸检查、施工过程的设施布置和施工过程的动态模拟等。对于特殊的施工设备，如用于桥梁桩基施工的工具式导向沉桩系统，其结构复杂，要求施工精确，对工艺水平有较高要求，需借助虚拟现实技术完善设计和优化工艺，如工具式导向沉桩系统优化。

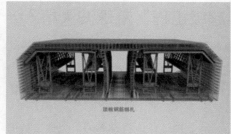
（a）沉管管节预制钢筋绑扎

（b）钢筋碰撞检查

（c）管节舾装

（d）管节横移、寄放

（e）江海直达船航道桥施工模拟

（f）沉管隧道浮运沉放三维模拟

港珠澳大桥施工过程构件、设施的碰撞检查

工具式导向沉桩系统优化

港珠澳大桥东西人工岛面积各约 10 万平方米，离岸 20 千米，水深约 10 米，软土层厚度 20 ~ 30 米，采用直径 22 米的钢圆筒插入不透水粘土层形成止水型岛壁结构，回填砂形成陆域，然后采用塑料排水板联合降水预压方案进行软基处理。下图所示为港珠澳大桥的人工岛虚拟设计。

（a）东人工岛

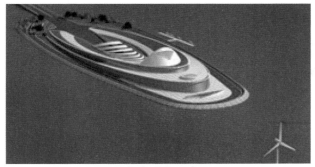

（b）西人工岛

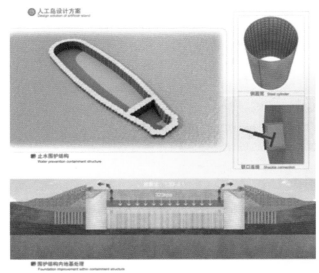

（c）人工岛设计系统

港珠澳大桥的人工岛虚拟设计

　　下图所示分别为港珠澳大桥深水区跨钢箱梁非通航孔桥三维效果和港珠澳大桥九洲通航孔桥三维效果。

港珠澳大桥深水区跨钢箱梁非通航孔桥三维效果

港珠澳大桥九洲通航孔桥三维效果

4.2 临危不乱
——虚拟奥运安全仿真

北京奥运会开幕式

　　2008 年你是在哪里观看的奥运会呢？有的可能是在家里看电视直播，有的可能是在现场感受热闹盛大的气氛，然而有些人却是在博物馆观看奥运会。也许你会觉得这些人不可思议，为什么到博物馆去看奥运？其实，他们正在一个神秘的地方观看奥运会，那就是大名鼎鼎的虚拟奥运博物馆。虚拟奥运博物馆并不是什么新兴事物，它曾是北京申奥时的一大亮点，引起过国际奥委会的极大兴趣和关注。亲爱的读者你是否也在好奇呢？带上你的好奇心，让我们来认识这个"新朋友"吧！

　　对于"虚拟博物馆"这个概念，大家应该并不陌生。早在 20 世纪，就已经有不少组织甚至个人，通过图文结合的方式在网上建立了形形色色的"虚拟博物馆"。但是早期的这些"虚拟博物馆"由于技术的限制，大多只是采用文字、图片、视频等形式表现信息，缺乏交互性。

　　虚拟奥运博物馆可以逼真地再现小到艺术雕像、运动器具，大到整个运动场馆等各种对象，这都要归功于技术人员所采用的三维激光扫描技术。在虚拟奥运博物馆中，我们使用三维扫描仪可以获取彩色跪射秦俑文物的三维数据(如位置坐标等)。工作人员再利用计算机对数据进行处理，最终形成一个和原物完全相同的彩色跪射秦俑。利用三维激光扫描技术，虚拟奥运博物馆的技术人员构造出了大量与奥运相关的逼真的三维模型，例如体育艺术品、大型体育馆和古运动会遗址。这样一来，即使人们不亲临现场也能欣赏它们了。

彩色跪射秦俑

古希腊跳远

　　虚拟奥运博物馆最大的特色就是拥有大量可以让参观者参与的内容，通过对中西方体育文化异同的比较，向人们系统而完整地讲述世界体育史。为了让参观者更形象、具体地了解古代体育的特色，在虚拟奥运博物馆中，参观者既可以通过一个智能导游的引导来访问，也可以通过控制一个自己的虚拟化身在虚拟场景中自由行走来参观。更让人意想不到的是，参观者还可以亲身参与到古代的体育运动中，例

虚拟五禽戏

如古希腊跳远、中国古代的"五禽戏"等。这些是怎么做到的呢？其实，就是利用运动捕捉技术，采集大量真实运动员的动作数据，对这些运动数据进行相应处理后，再通过处理后的数据控制计算机中的三维虚拟人运动，这样，人们就可以通过网络实现交互，亲身感受古代运动的魅力了。

三维激光扫描技术

　　三维激光扫描技术是20世纪90年代中期开始出现的一项高新技术，是继GPS（全球定位系统）之后又一项具有突破性的测绘技术。它通过高速激光扫描的测量方法，快速地获取被测对象表面的三维坐标数据。可以大面积、高分辨率地采集空间点位信息，为快速建立物体的三维影像模型提供了一种全新的技术手段。由于具有快速性、不接触性、穿透性、实时性、动态性、主动性、高密度、高精度、数字化、自动化等特点，三维激光扫描技术的应用推广很有可能会像GPS一样引起测量技术的又一次革命。

三维激光扫描仪

虚拟奥运博物馆的各种"零件"

数字奥运仿真系统

　　让我们来看看，组成虚拟奥运博物馆的各种"零件"吧，它们会给你带来不一样的感受！

　　第一个"零件"就是数字奥运虚拟现实仿真系统，它采用多种遥感数据作为基础数据，这些数据涵盖了精细的地形数据、大量的建筑物模型数据以及大量的纹理数据等，有了这些数据后，再通过设计师们神奇的双手便有了数字奥运虚拟环境了。

　　第二个"零件"就是安全辅助指挥系统，有了安全的保障，你的奥运之旅是不是就更加无忧了呢？这个系统将庞大的奥运场馆信息以及多种安保规划方案与三维仿真模型数据融为一体，提供了空间信息、线路导航等指挥辅助功能，为奥运"保驾护航"。

安全保卫三维辅助指挥系统

数字奥运村奥运场馆网络展示系统

　　出门在外最怕堵车，在奥运场馆这种人山人海的地方，是不是最怕人堵人呢？第三个"零件"就是人流分析系统，有了这个系统就可以保证不会出现如蜗牛般行走的情况了，如果出现事故，大家可以快速地疏散到安全的地方。该系统将专业的人流分析软件和实时三维场景进行完美的集合，直观展示奥林匹克公园在开闭幕式、各项比赛等各种情况下的人流情况，为奥运安全做出了前期预览，在一定程度上保证了奥运的正常进行。

怕迷路吗？虚拟奥运的第四个"零件"可以让你心头的石头落地。数字奥运村奥运场馆网络展示系统让你不再害怕迷路，该系统不仅提供了重要场馆的导览，还对每个场馆有详细介绍。通过该系统你可以全面地了解奥林匹克公园规划布局。人性化的区域划分和指南针可使浏览者不会迷失其中，达到身临其境而又愉悦的漫游体验。

奥运人流分析系统

2008年北京奥运会不但是体育界的盛事，更是我国展现科技发展成果的国际舞台。虚拟现实技术在奥运中的应用，不仅让观众可以通过网络、展览或新闻发布会等形式与奥运场馆亲密接触，还拉近了世界与中国的距离，增加了奥运的科技含量，丰富了数字奥运的内容，提高了我国在计算机仿真领域的国际地位，同时也为数字北京和智慧北京进行了有益的探索。

相关网站

1. 数虎图像网站主页：数字奥运中的虚拟现实技术
   http://www.cgtiger.com/news/254.html
2. 博文网：虚拟现实技术在奥运中的应用
   http://olympics.bowenwang.com.cn/virtual-reality-technology-in-olympic-pro-
   mot-ion.htm

4.3 稳坐钓鱼台

——长江干堤失稳仿真

　　每年洪涝期间，长江大堤的安全就牵动着全国上下无数人的心。崩岸现象是长江大堤最大的险情，一旦发生崩岸，引起大堤缺口，将会给人民的生命财产安全造成灾难性的后果。因此，为了有效地防止长江崩岸现象的发生，我国科研人员长期以来一直在努力地工作，不断地寻求更好的解决办法。利用最新的计算机技术开发的长江干堤重点堤岸失稳计算机仿真系统就是其中一个成功的示例。

　　我们首先了解一下崩岸现象。崩岸是堤岸岩土体在河流、地质与地震等因素的作用下产生的一种堤岸变形失稳现象的总称，崩岸发生时会大大降低堤防的防洪能力，往往引起大堤溃口。据调查，长江中下游干流河道岸线总长约 4249 公里，总计有 1520 多公里堤防的外滩存在崩岸险情，约占岸线总长的 35.7%。

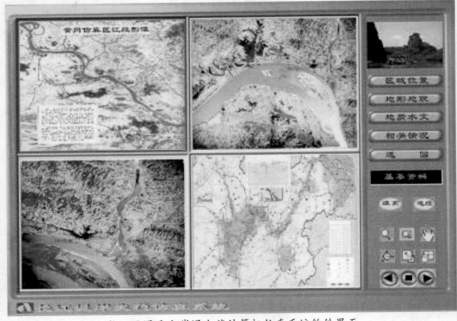

长江干堤重点岸堤失稳计算机仿真系统软件界面

堤岸失稳的发生是一个非常复杂的过程，由于它的类型多样，因此影响堤岸稳定的因素也很多。这些因素从学科归属上可划分为四大类：地质因素、河流及水动力学因素、水文气象因素以及人类活动因素。这四个因素的相互关系错综复杂，并且在堤岸的形成及稳定性变化的各个阶段所起的作用各不相同。其中地质因素是组成堤岸的物质基础并在稳定状态中起着决定性的作用。

虽然崩岸危害大，而且发生的过程非常复杂，但是我国的科研人员总有解决的办法。目前治理方面主要以抛石防护为主。抛石防护就是炸山开石，将大量石料抛入江中。尽管这种方法实施起来很有效，但每年都需要炸山开石，一方面会耗费巨大的资金，另一方面也破坏了环境。不管是抛石防护还是其他护岸技术，大多依靠经验，在理论上的研究明显不足。1999 年，国务院委托长江水利委员会对长江中下游重要堤防实施防渗、抛石护岸、重要涵闸加固改建等一系列隐蔽工程建设，以提高整个长江堤防的防洪能力。为了改变过去在崩岸治理方面过多依赖经验的做法，水利部长江勘测技术研究所和武汉理工大学联合研制了"长江干堤重点堤岸失稳计算机仿真系统 (CJDAFZS)"。这个计算机仿真系统可以对长江中下游河段堤岸变形破坏的原因进行调查和分析，弄清崩岸产生的机理。

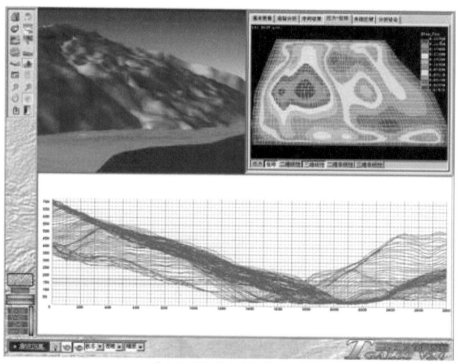

黄土坡滑体滑坡的计算机仿真

该系统是国内外首次将计算机仿真技术综合运用到干堤各种失稳形式的仿真中，比较全面地考虑了地质因素、水文气象因素、河流态势、水动力学因素以及人类活动因素对堤岸失稳的影响。该系统的意义在于开发了具有自主知识产权的计算机分析系统，包括常规的有限元分析软件和原胞自动机。此外，该系统与实际紧密结合，以整个长江干堤为背景，选取湖北省黄冈市北永堤段和咸宁市邱家湾堤段为具体研究对象，综合运用有限元分析、计算机图形学、多媒体以及计算机仿真等多个学科的先进技术，逼真地构建了仿真区域的虚拟世界。使人们直观地从不同视点、不同视角观察堤岸失稳的全过程和典型失稳形式的产生条件与特点，并且对不同情况下堤岸失稳的演化机制、破坏条件和破坏过程进行了分析、计算和预测，在电脑屏幕上真实再现了堤岸从静态到动态失稳的全过程。

该系统的成功开发为长江干堤隐蔽工程加固提供了科学依据，为促进长江堤防建设科学技术水平的进步起到了重要作用，并获得了显著的经济效益和社会效益。

4.4 安全领域新的
  护航舰
 ——虚拟安全教育系统

------------------------------ 汶川地震 ------------------------------

　　2008 年 5 月 12 日 14 时 28 分 04 秒，四川汶川、北川，8 级强震猝然袭来，大地颤抖，山河移位，满目疮痍，生离死别……

　　5·12 大地震是新中国成立以来破坏性最强、波及范围最大的一次地震，此次地震重创约 50 万平方公里的中国大地！这突如其来的大地震给我们带来了巨大的人员伤亡以及经济损失。

地震灾区

第四章　虚拟现实技术在**安全领域**的应用

81

据民政部报告，截至 2008 年 9 月 25 日 12 时，四川汶川地震已确认有 69227 人遇难，374643 人受伤，17923 人失踪。

据卫生部报告，截至 2008 年 9 月 22 日 12 时，因地震受伤住院治疗累计 96544 人（不包括灾区病员人数），已出院 93518 人，仍有 352 人住院，其中四川转外省市伤员仍住院 153 人，共救治伤病员 4273551 人次。

据总参谋部报告，截至 2008 年 9 月 25 日 12 时，抢险救灾人员已累计解救和转移 1486407 人。

湖南某校地震演习活动

天灾无情人有情，面对突如其来的大地震，全国人民紧紧地团结在一起。一方有难，八方支援。自四川汶川特大地震发生以来，国际社会向中国政府和人民表达了深切同情和慰问，并提供了各种形式的支持和援助。

地震属于自然灾害，是我们人力所不能控制的，但是这次突发的大地震却给我们带来了很多思考。例如震前的预测工作、地震带建筑的防震问题、社会医疗保险问题等，然而更多的则是我们国人比较淡薄的安全意识以及灾难来临时低下的自救能力问题。

地震前兆——地下水异常

地下水包括井水、泉水等。主要异常有发浑、冒泡、翻花、升温、变色、变味、突升、突降、泉源突然枯竭或涌出等。人们总结的震前井水变化的谚语如下：
"井水是个宝，前兆来得早"；"无雨水质浑，天旱井水冒"；"水位变化大，翻花冒气泡"；"有的变颜色，有的变味道"。

地震前兆——地下水异常

地震前兆——生物异常

地震前兆——生物异常

古语中针对动物反常的情形，也有几句顺口溜：

> 震前动物有预兆，密切监视最重要。
> 牛羊骡马不进厩，猪不吃食狗乱咬。
> 鸭不下水岸上闹，鸡飞上树高声叫。
> 冰天雪地蛇出洞，大鼠叼着小鼠跑。
> 兔子竖耳蹦又撞，鱼跃水面惶惶跳。
> 蜜蜂群迁闹轰轰，鸽子惊飞不回巢。
> 家家户户都观察，发现异常快报告。

江苏某校火灾演习活动

　　提高公民的安全意识以及灾害来临时的自救能力和自身面对突发问题的应变能力，最大可能地减少损失是摆在我国政府和社会面前的一个很严峻的问题，为解决这一问题，最直接有效的方法便是教育。

　　通过教育可以提高公民的安全意识，提高公民的自救能力以及面对灾害的应变能力。传统意义上的地震知识的讲解，防灾演习必不可少，近年来，新式的虚拟防灾教育也开始在安全领域发挥着不可替代的作用，成为我们人身财产安全的护航舰。

虚拟教育系统

　　虚拟教育系统是一种基于计算机技术以及其他技术的系统。通过计算机技术，我们模拟出一个与真实世界相类似的虚拟世界，例如地震现场或火灾现场等。

　　基于虚拟现实技术的沉浸性与交互性可以使我们置身于一个虚拟世界中，同时也可以根据虚拟世界中的情况做出相应的反应。通过这种训练，可以提高人们面对危险情况的自救能力以及应变能力。

中国地震局地震灾害展示系统

　　此系统利用中视典公司先进的物理引擎系统，通过对地震强度的调节达到弱震、中震、强震三个不同等级的地震效果。此系统不同于动画，而是通过对建筑模型赋予物理属性后实时计算得到的建筑倒塌结果。用户可以根据不同的倒塌结果来进行应急救援的演练，结合鼠标、键盘更可以对整个废墟现场进行清理，设计救援方案。

中国地震局地震灾害展示系统（一）

中国地震局地震灾害展示系统（二）

战斗机灭火仿真训练

　　该训练以标准化的飞机火灾应急预案为基础，通过三维场景再现起火的场景以及灭火的过程，极大地提高了舰船消防人员的应急处理能力，满足了仿真训练的需要。

战斗机灭火仿真训练

虚拟火灾演习系统

　　中视典公司通过对成熟计算机技术进行系统整合，在自主研发的三维虚拟现实引擎平台（VRP）的基础上，以现有的"虚拟现实与仿真技术""三维互动技术""物理模拟技术""网络技术""数据库技术"等为基础，通过对各项技术的重构和整合，建立起一套低耦合、高扩展性、灵活的仿真引擎，从而构建动态预案及互动式训练系统平台。

　　为了满足应急演练和各种预案落实和考核的需要，系统建立在虚拟现实和灾害仿真技术的基础之上，通过对灾害现场和灾害过程的模拟仿真，为参训者在计算机系统上提供执行各项应急救援任务的虚拟环境。参训者在此环境中根据职能和任务的不同，模拟不同的角色，各角色相互合作，协同训练，完成所设定的任务。

　　虚拟演练系统主要包括以下模块：场景任务设置模块、角色训练模块、数据查询模块、训练控制模块等。

场景任务设置模块

　　根据不同的训练目标和任务，提供一个虚拟的训练场景，并在场景内设置相应的灾害或突发事故现象，形成一个逼真的虚拟演练环境。

虚拟火灾演习系统

角色训练模块

演练系统提供针对不同角色进行训练的功能。根据登录的不同角色，系统提供不同的能力和权限。根据在应对灾害时的职责和所需能力的不同，角色主要包括以下几类：群众、社会救援力量、现场专业救援力量、指挥中心等。

数据查询模块

在训练过程中会产生大量数据，数据查询模块的目的是方便决策者查询、观看和使用这些数据。系统提供各种工具和功能，方便对训练的全过程进行全方位观看和数据查询。

训练控制模块

演练环境是由"场景及任务设置模块"初始化设置确定的。但为了提高对突发事件处理能力的训练效果，需要在训练的过程中添加各种突发事件。为此系统提供在训练过程中人为添加和改变演练环境的功能。具体功能包括：天气（外部环境）状况调整、灾情状况调整、救援力量调整、新任务下达、其他突发事件等。

目前这种三维应急仿真演练系统广泛应用于石油、电力、钢铁、冶金、煤矿、化工、航空、机场、运动场馆、地下管道、地铁、公路、自然灾害、反恐等需要借助三维可视化来决策和分析的领域。

相对于传统的防灾演习、讲解等方式的教育，新式的基于虚拟现实技术的虚拟教育具有更多优势：

（1）更加便捷。通过虚拟现实技术制作出的防灾展示系统，使大家足不出户就可以学习防灾知识，了解面对自然灾害时我们需要怎么做。不需要专业老师指导授课，学员们可以自我反复学习。应急仿真系统可以使企业、事业单位运用现代化手段，加强协调能力和应急能力，使应急演练科学化、智能化、虚拟化。

（2）不受场地限制。新式的基于虚拟现实技术开发的虚拟防灾系统可以摆脱传统防灾演习场地的限制，只需要身边有网络即可进行学习。

（3）成本低，便于推广。基于网络进行虚拟防灾教育，成本低廉，而且更加便于推广。

（4）功能更加全面。应急仿真系统可以用来训练各级决策与指挥人员、事故处置人员，发现应急处置过程中存在的问题，检验和评估应急预案的可操作性和实用性，提高应急能力。

我们有理由相信，随着社会的发展，虚拟技术以及相关的其他技术会越来越成熟，虚拟教育也将在安全领域发挥更加重要的作用。

相关网站

----

1. 中视典网站：地质灾害 http://www.vrp3d.com/article/html/vr_solution_123.html
2. 中视典网站：应急预案 http://www.vrp3d.com/article/html/vr_solution_291.html

第五章 虚拟现实技术在工业商业领域的应用

虚拟工业

机械虚拟技术

3D 网上商城

网上看房

5.1 虚拟工业

　　说起传统工业设计，想必大家都非常熟悉，而对于"虚拟工业设计"一词，可能就稍显陌生。那么，就让我们来了解一下它的概念及不同之处吧！一般地，传统工业设计流程为：客户要求 – 方案生成 – 客户意见 – 方案修改 – 定案，而虚拟工业设计流程为：客户要求 – 网络虚拟调研 – 方案制作 – 虚拟产品发布 – 客户即时意见修改 – 定案。两者相比，我们可以看出：虚拟工业设计的流程更加合理，能够很好地确保工业产品的质量。

　　虚拟现实技术在工业上的应用非常广泛，例如在工业园区展示、化工系统模拟、汽车制造系统模拟、机械系统模拟等工业领域都有应用。在工业上的应用也被细分为：产品功能演示、产品互动演示、工业仿真演示、产品演示、产品装配演示、数字样板间演示、化工系统仿真、航天系统仿真、汽车制造系统仿真、机械系统仿真等。

汽车设计

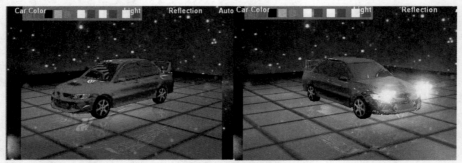

汽车虚拟设计图

　　在汽车设计过程中，根据用户各方面的建议，邀请汽车爱好者直接与设计人员一起对模型提出修改意见，观察设计和修改过程，直至满意为止。由于产品的设计过程是数字化的，因此节省了传统方法中需要制造物理模型（包括概念模型、模拟实验模型、外观模型和生产模型等）的时间和物质原料。

由于对设计的产品在计算机中反复进行设计、分析、干涉检查、模具设计等过程，使设计绘图的工作量比传统的绘图工作量减少一半以上。客户亲自参与到设计和修改模型的过程中，如造型、色彩、装饰风格、可选部件等，使客户更有参与感，大大增加了购买欲。

模具设计

逼真地模拟出模具的加工、拆装等工作过程，对各零件提供相应的信息提示，通过预览窗口检查动作和事件以及操作对象之间的相互关系，便可预览交互动作的效果。

模具虚拟设计

根据模具的开模与合模的原理以及各零件的组装方法和步骤，设置与各零件对象动作相关的参数及事件，然后将模具模型保存为工程文件，把输出文件制作成免插件、免安装、免调试的"三免"可执行文件 *.exe，最终制作出的文件短小精悍，在任意 Windows 平台下直接单击文件即可运行。

这种设计方法不仅使模具的制造成本大大降低，而且能使身处当今市场化体系中的企业进行快速产品设计，提前占领市场，这对于企业成功开发一个新产品具有重要意义。

虚拟现实数控加工

数控机床的操作训练若完全依赖数控机床进行实做，投入大、消耗多、成本高，即使是实力雄厚的培训机构和企业也无力承担得起。

虚拟数控加工图

利用虚拟现实技术详尽地展示数控加工中心各零部件的结构和工作原理及数控加工过程中各流程操作，真实地展示了数控机床模型及面板操作。通过多通道立体投影模拟真实的数控加工车间环境，在实际操作前，提前操作模拟数控系统面板和实时观看切削过程，可节省大量的实训时间及成本，提高实训效率。

虚拟现实数控加工摆脱了传统数控培训方法，极大地提高了学员的主动性。既能解决学生实习时不熟悉数控系统操作和控制面板的问题，又能大大提高学生的学习兴趣，还能提高学生的编程能力及对不同数控系统与不同数控机床的适应能力，是一种提高数控训练效率、增加学生实际动手能力的有效渠道，也是进行数控机床专业职业技能考核的一种有效手段。

钢铁物流基地 3D 园区交互式仿真系统

武汉市阳逻区钢铁物流基地是以钢材贸易、钢铁加工、物流服务、房地产、电子商务等为主的多元化经营的民营股份制企业。它整合国际国内、区内区外资源，集信息咨询、电子商务交易、信息化仓储、加工与配送、商贸金融、生活服务于一体，为钢材供应商、钢材经销商、钢材需求商提供全方位、多功能的一条龙服务。展望未来，它将为钢铁行业的换代升级搭建起一个集中采购、信息咨询、电子商务交易、仓储、加工与配送、商贸金融、生活服务的大平台。

钢铁物流基地 3D 园区鸟瞰图

武汉市阳逻区总体布局规划鸟瞰图

为了更好地完善华中钢铁物流基地建设和今后的运营工作，公司采用现代虚拟现实技术和交互式系统仿真技术，对未来的货物装卸与生产过程作了进一步分析和展示。通过 3D 展示的方式达到逼真的效果，充分体现了智能化和现代化的仓储和整个园区完善的配套设施和良好的服务环境。

交互式业务展示除了可以选择不同角度、不同业务来对仓储进行

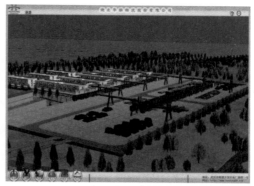

交互式仿真系统

展示之外，还可以在 3D 宣传片和华融在线功能中使用。其展示方式分为：库区展示、业务流程展示和工具产品展示。

下面以华中钢铁物流基地的漫游、地库作业、堆场作业、产品 / 工具模块为例介绍一个现代化的仓储园区的概貌和工作流程。

（1）漫游。

漫游分为空中漫游、商铺漫游、地库漫游、堆场漫游、样板间漫游五种模式。

空中漫游能实现交互式浏览物流园区的地理位置、园区建筑物分布和 3D 模型细节分布，让人能够俯视全貌。

商铺漫游能实现交互式浏览商铺模型，观看不同的房型结构。

商铺漫游　　　　　　　　　　　地库漫游

地库漫游能交互式浏览地库的详细分布，实现 3D 模型精细化展示。运行仿真系统，单击"漫游"按钮，再单击"地库漫游"按钮，进入场景后，只需操作键盘或者鼠标就可实现地库漫游。

堆场漫游能实现交互式浏览室外堆场中货物、吊具、运输工具的 3D 模型以及堆场布局。

样板间漫游能实现交互式浏览竖三间样板间、横三间样板间、单间样板间 3D 模型。

（2）地库作业。

地库火车入库作业展示

地库作业分为汽车入库、汽车出库、火车入库、火车出库、搬库五种模式，用户单击相应按钮可浏览详细的地库业务流程。

汽车入库：展示汽车经门禁扫描后，按照液晶屏指示入库卸货，突出信息化指示及自动化卸货。

汽车出库：展示货物经库内调货到汽车，以及车辆按照电子屏引导出库，突出自动化调货及自动化展示。

火车入库：展示火车停靠在指定地点后，按照液晶屏指示入库卸货，突出信息化指示及自动化卸货。

火车出库：展示货物经库内调货到火车，以及火车按照电子屏引导出库，突出自动化调货及自动化展示。

搬库：展示把产品从一个区域搬运到另一个区域。

（3）堆场作业模块。

堆场作业模块同地库作业模块非常类似，也分为汽车入库、汽车出库、火车入库、火车出库、搬库五种模式，用户单击相应按钮即可浏览详细的堆场业务流程。运行仿真系统，单击"堆场作业"按钮，再单击"搬库"按钮即可进入场景，如下图所示。

堆场搬库作业展示

（4）产品／工具模块。

产品／工具模块分为专业吊具和电磁吊具两个子模块，专业吊具和电磁吊具分别有四种展示工具。单击按钮可浏览相应的吊具移动产品的过程。运行仿真系统，单击"产品／工具"按钮，再单击"专业吊具"或"电磁吊具"按钮，可观看专业吊具或电磁吊具作业流程，如下图所示。

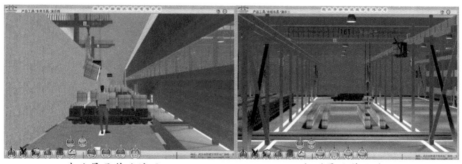

专业吊具作业演示　　　　　　　　　　　　电磁吊具作业演示

通过上面的叙述，相信大家已经对钢铁物流基地的地理分布及其物流作业的详细流程有了一个比较清晰直观的认识，这一切都得益于虚拟现实技术的应用，相信在不远的将来，这种沉浸感、真实感会更深，那时候不仅能足不出户参观物流基地，也许还能到浩瀚的宇宙去遨游一番呢！

5.2 机械虚拟设计

　　看过美国影片《黑客帝国》的人，肯定会对影片中的虚拟现实画面留下深刻印象。在那个由计算机营造的虚拟世界里，无论是看到的、听到的、触摸的都和真实世界一样，人们很难分辨虚拟和现实之间的区别。虚拟现实是利用计算机技术生成一种模拟环境，通过各种传感设备使用户"投入"到模拟环境中，使用户与环境直接进行自然的交互。目前虚拟现实技术在各个领域的运用让人叹为观止，在机械设计方面尤其如此。

　　开卷机是连续带钢生产线上的关键设备，如下图所示，它能否正常运行以及寿命的长短对连续带钢生产线具有重要意义。由于这种设备的复杂性以及单件小批量的生产方式，目前国内只有少数厂家能够设计和制造这种设备。武钢集团所属的机械制造公司经过多年不断地引进和吸收国外的先进技术，从原来服务于武钢的备品备件生产企业，逐步发展成为用户遍布国内外的大型机械制造企业，并逐步形成了以开卷机为主导产品的专业化生产格局。

开卷机

在设计开卷机的过程中，工程技术人员遇到了"拦路虎"：武钢从日本引进的开卷机，没有备件，只能自己制造备件。通常的方法是对开卷机进行解体、测绘然后对零部件分别加工制造，因为开卷机在线生产，不允许全部拆卸，即使拆卸后按照一般流程设计、加工、制造、试车，也有可能达不到客户的要求，在人力、财力、工时上造成了极大的浪费。

替武钢机械制造公司解决难题的是武汉理工大学智能制造与控制研究所的陈定方教授。他利用最新的虚拟设计技术为武钢机械制造公司提供了一种有效的解决方案，这种方案既先进又节省成本，在实际应用中取得了良好的效果。

首先是虚拟环境的实现，它是虚拟设计的基础。按不同的实现方法，分为两大类：一类是基于图像的方法，另一类是基于几何模型的方法。对于虚拟环境中的大场景一般采用基于图像的方法。它是根据计算机视觉原理，采用计算机图形图像处理技术，通过真实场景的二维图像建立三维虚拟场景。在武钢机械制造公司的虚拟设计中，技术人员采用将三角架固定而旋转照相机的办法来获取原始图像。图像获取设备就是一台普通的数码相机，选好视点后，将照相机固定在场景中，通过旋转照相机来进行拍照。每隔一定角度拍一张照片，直到旋转 360° 为止。在获取的原始照片中，由于相邻照片是在同一视点以不同视角拍摄的，如果将相邻照片简单重合，那么重叠区域就会明显错开，因此，如何基于图像进行无缝拼接是三维重建的关键技术。

基于图像的方法建立的三维场景只能浏览，而不能实时操纵，所以，这种方法有很大的局限性。因此，对于那些需要操纵和反复改变外形的物体只能采取基于几何模型的方法，它实际上就是利用计算机辅助设计的几何建模过程。在陈定方教授为武钢机械制造公司设计的系统中，不仅可以动态地观察开卷机关键备件的工作过程，还可以利用有限元分析方法进行力学分析，分析得到的结果为以后的关键备件设计提供了可靠的理论数据。过去在制备开卷机备件时，武钢机械制造公司的技术人员因为不确定该采用哪种材料，就简单地使用强度非常好的材料。武汉理工大学的研究人员在利用有限元进行力学分析时发现，采用强度较低的材料完全可以替代原来的材料，仅这一项改进工作就为武钢机械制造公司节省了大量的资金。

随着技术的不断发展，机械加工工艺发生了很大改变。在过去的传统加工工艺中，操作人员操纵机床手轮使刀具沿着工件表面移动而进行零件加工。现在人们普遍采用数控机床进行加工，凡是以前需要手工操作的，都可以由数控系统在程序的控制下自动完成。然而虚拟设计在此基础上又更上一层楼，在虚拟加工中，首先利用几何建模的方法建立起各种虚拟机床，通过输入加工指令，虚拟机床就像数控机床那样可以对零件进行加工，在虚拟加工过程中，设计人员可以预估加工的过程和结果，提前发现设计中可能出现的问题，减少了物料浪费、节约了人力。在虚拟设计中，往往将虚拟机床融合到虚拟车间中，形成图像与动态建模相结合的虚拟现实环境，如下图所示。

虚拟加工示例

　　装配是指将零件组合成完整产品的生产过程。装配的工作效率对产品的最终质量有着极大的影响。据有关资料介绍，装配工作成本占总制造成本的一半左右。在设计技术和加工技术快速发展的今天，装配工艺已成为现代化生产的薄弱环节，也是制约先进制造技术发展的瓶颈。虚拟装配的出现，为人们带来了改变这一状况的希望。

　　虚拟装配是最近几年才提出的一个全新概念。狭义的虚拟装配就是在虚拟环境中把单个零件或部件组装成产品的方法。广义的虚拟装配是指在虚拟环境中，使设计人员方便地进行结构设计、修改，让设计人员更专注于产品功能的完善。下图（a）所示是一个齿轮减速器的虚拟装配环境，用户通过各种虚拟设备，按照合理的装配顺序进行虚拟装配，在装配的过程中还可以进行各种检验工作。下图（b）和（c）分别展示了开卷机的虚拟装配情景和上海振华集团研制的两个输入可以得到多种输出的虚拟差动减速器的虚拟装配情景。

　　虚拟现实技术在工业中的应用远不止于虚拟装配，其用途是多种多样的。下图（d）展示了利用虚拟现实技术制作的新型集装箱装卸桥的钢丝绳卷筒及刹车的虚拟样机。下图（e）展示了虚拟现实技术在上海外高桥港堆场集装箱装卸桥工作过程仿真中的应用。下图（f）展示了虚拟现实技术在上海振华集团投标荷兰阿姆斯特丹港岸边集装箱装卸桥中的应用。

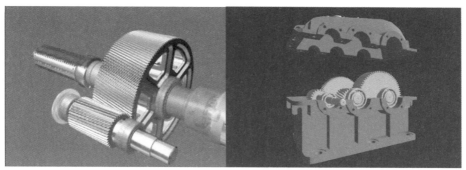

（a）减速器虚拟装配　　　　　　　　（b）开卷机虚拟装配

（c）上海振华集团研制的两个输入可以得到多种输出的虚拟差动减速器

（d）新型集装箱装卸桥的钢丝绳卷筒及刹车的虚拟样机

（e）虚拟现实技术在上海外高桥港堆场集装箱装卸桥工作过程仿真中的应用

（f）虚拟现实技术在上海振华集团投标荷兰阿姆斯特丹港岸边集装箱装卸桥中的应用

　　如果将网络技术引入到虚拟设计中，我们就可以得到一个分布式的虚拟环境。虚拟环境运行在多台计算机上，这些计算机通过网络互相连接。不同地方的多个用户沉浸在同一个虚拟环境之中，共同享受相同的虚拟世界，犹如建立在网络上的工厂。

在分布式虚拟环境中，除了一般图形系统的人机交互之外，还提供了实时同步的人与人协同工作。通过分布式虚拟环境，不同地方的设计人员可以一起讨论同一个设计项目，相互交流设计思想，还可以实时地在网上修改设计方案。如果将虚拟设计环境放到因特网上，那么只要用户登上因特网，无论他在什么地方，都可以在网上进行协同设计，共享网络资源。

通过运用多种硬件设备和软件系统，虚拟设计改变了传统的机械制造方式，使设计、加工、装配等各个阶段都可以在虚拟的环境下反复进行，克服了过去从试制阶段就需要投入大量材料、设备的缺点，极大地降低了整个过程的制造成本，适应了市场多品种小批量的需求，成为继机械 CAD 技术之后又一极具发展潜力的新技术。虚拟设计在企业中的运用在美国也早已有先例，1997 年 5 月美国福特公司宣布，自己已成为第一个采用计算机虚拟设计装配工艺的汽车厂商。福特公司使用虚拟设计的战略目标是将生产中采用的实体模型减少 90%，这一目标的实现意味着每年可以节省两亿美元的成本。目前虚拟设计技术正逐步深入到制造行业的各个领域，它不仅为设计人员创造了更为自由的工作环境，更带来了一场设计理念的革命。

毫不夸张地说，运用虚拟技术几乎可以"复制"一个工厂，让技术人员只动动手指就可以模拟完成生产流程，大大提高了生产效率，让企业更具竞争力。

5.3 3D 网上商城

还在为跑遍所有书店而买不到想买的书而苦恼吗？还在为买不到异国的特产而发愁吗？还在为现今物价飞涨，工资不涨，要花更多的钱去实体店买心仪的东西而发愁吗……不用愁，网上商城可以帮你搞定关于购物的事。

想买啥就买啥　　　　　　　　　便利与便宜的时尚结合

随着国内 Internet 使用人数的增加，利用 Internet 进行网络购物，并以银行卡付款的消费方式已日渐流行，其市场份额迅速增长，电子商务网站也层出不穷，如淘宝网、京东商城、凡客诚品、当当网等。"上淘宝全球购，足不出户，买遍全球"，侠气美女姚晨代言的淘宝网广告，足以让我们感受到网上购物的魅力。

网上商城就是我们所说的虚拟商场，虚拟商场区别于现实中的商店，其主要是利用了电子商务的各种手段，来达成买卖交易。网上商城减少了中间环节，消除了实体店店面成本和代理中介费用，因此在网上商城购物时，价格会比实体店的要便宜一些。不仅如此，网上商城的物品也更加齐全，大家足不出户就能购买到自己想要的东西。对无暇出门的人来说，省去了大量逛街选购的时间；对于不想有口舌之争的年轻人，更是省心省力。

所以，现今网上购物不仅新潮，还能满足我们的消费欲望，但是我们在网上购物的时候也需留心，避免上当受骗。

3D 虚拟商城

　　3D 虚拟商城为传统的平面网购平台注入了新鲜的血液，有人这样评价 3D 虚拟商城：时尚新潮，完全的仿真化情景，如同步入真实的实体店一般，各种款式的鞋子整整齐齐地放在货柜格中，任君挑选。有人这样感叹：3D 虚拟商城相当于将"社区、游戏、购物、模拟人"四合一了；不得不感叹现代科技的力量，买东西、砍价、试穿都是真实的，简直就是虚拟世界中的现实世界，服了！

真人试衣　　　　　　　　　　　　　　　　结伴同行

"开心淘开心" 3D 虚拟商城

　　这些网购爱好者的真实感受，正是 3D 虚拟商城要达到的效果。3D 虚拟商城为顾客提供了身临其境的互动以及网络一体化的虚拟世界，顾客可以通过创建个人的"虚拟替身"，在虚拟商店中浏览商品和购物，同时与来自世界各地的其他顾客和销售人员互动交流；也可以与自己的朋友、家人和同事共同举办网上购物聚会，分享购物的乐趣与经验。

中国内地首家网络购物商城"开心淘开心"将传统的 Web 社区、即时通讯和 3D 网游完美地融合在一起，打造轻松娱乐、随时互动的新游戏模式。行走于该游戏中仿佛置身于摩登大都市。华灯初上，与三五好友结伴而行，挑选自己喜爱的商品，店内 24 小时为您提供准确的时尚咨询、风尚热点，此等体验，不亦乐乎？自 2010 年 9 月上线以来，服装类就已经有耐克、阿迪达斯、达芙妮等上百个知名品牌入驻商场，电器、家居、卫浴、食品等商家虽尚未完全上线，但注册用户已超过 10 万。

电子商务

电子商务是以商务活动为主体，以计算机网络为基础，以电子化方式为手段，在法律许可范围内所进行的商务活动过程。电子商务涵盖的范围很广，一般可分为企业对企业（B2B）、企业对消费者（B2C）、个人对消费者（C2C）、企业对政府（B2G）四种模式。

"贪小便宜"的后果

B2B（Business to Business）是商家（泛指企业）对商家的电子商务，即企业与企业之间通过互联网进行产品、服务及信息的交换。通俗的说法是指进行电子商务交易的供需双方都是商家（或企业、公司）。

B2C（Business to Consumer）模式是我国最早产生的电子商务模式，以 8848 网上商城正式运营为标志，如今的 B2C 电子商务网站非常多，比较大型的有京东商城、哈妹网等。

C2C（Consumer to Consumer）是用户对用户的模式，C2C 商务平台就是通过为买卖双方提供一个在线交易平台，使卖方可以主动提供商品上网拍卖，而买方可以自行选择商品进行竞价。阿里巴巴是典型的 C2C 网站，英国《经济学人》在 2010 年发表文章称，阿里巴巴拥有一项庞大而未经开发的资产——针对中国正在崛起的中产阶级消费习惯搜集的大量数据。阿里巴巴集团董事局主席马云表示，阿里巴巴本质上是一家数据公司，做淘宝的目的不是为了卖货，而是获得所有零售和制造业的数据；做物流不是为了送包裹，而是将这些数据合在一起。阿里巴巴对你的了解程度远远超过你自己，电脑会比你自己更了解你。

B2G（Business to Government）模式即企业与政府之间通过网络所进行的交易活动的运作模式，如电子通关、电子报税等，是新兴的电子商务模式，在最近几年得到了飞速发展。B2G 最大的特点是速度快、信息量大。由于交易活动在网上完成，使企业可以随时随地了解政府的动向，还能减少中间环节的时间延误和费用，提高政府办公的公开性与透明度，所以，B2G 领域显然商机无限。专家预测，未来政府不仅在招商引资上，就是政府在采购时，小到回形针大到直升机，均可在网络上完成。而由此带来的相关产业链更将带动电子商务新一轮的繁荣。

网购也需谨慎

网上购物虽然省时省力而且还便宜，但是在网购时也需谨慎。网络带给我们越来越多的便捷，但它同样也为那些不法分子创造了机会。不少不法分子利用某些人贪小便宜的性格，让购买者掉入自己设计的陷阱中。

网上购物并不是没有缺陷的，例如网上购物容易导致过度的消费，这对于经济条件有限制的朋友来说，有百害而无一利。虽然现在网购的维权通道正逐步完善，但一旦出现要退货退款的情况，也是相当复杂的，这样很可能出现欺诈行为。另外有些卖家为了节省运费，一般会选择民营的快递公司，也可能使得购买者的某些隐私被泄露，因此在网上购物时一定要慎重。

5.4 网上看房、诗意栖居

　　随着我国经济的飞速发展，人们的生活水平普遍提高，于是买车买房也提上了各个家庭的日程。随之而来的是"无尽"烦恼，就说买房吧，一趟又一趟地往返于各个楼盘，劳心劳神。四方观察，八方比较，十二方注意往往都无法对房屋及其周边有一个全面真实的认识，更别说在极其热心的售房员不厌其烦的推荐下了，买车经历也大致如此。房子买好了，那家应该布置成什么样子呢？有时候公说公有理，婆说婆有理，多次讨论也确定不了，最后就不了了之了；有时候新家装修完了，钱也花了，可却不合意，最后又只能凑合了……

　　这诸多的问题，总是让我们很矛盾，该怎么办好呢？亲爱的读者，你也别苦恼，现在我们就可以让你释怀了。借助 3D 虚拟现实技术，让我们足不出户就能对各个房屋和车辆的具体情况进行交互式地观察与比较，选中心仪的目标后再有的放矢，迅速拿下，也避免了销售员各种错误信息的误导。

网上看房

　　自电影《阿凡达》在全球范围内掀起一股凌厉的 3D 风暴以来，3D 技术已延伸至生活的方方面面。进入 2010 年，"3D 风暴"愈演愈烈，3D 报纸、3D 网上世博、3D 电脑一体机……直至百度推出的 3D 地图，使 3D 技术成为多个行业新的掘金点。然而，在 3D 应用技术需求更为旺盛的房地产营销领域，却鲜有大的动作。

　　直到 2010 年 9 月，新浪乐居频道与水晶石公司联合推出"立体世界·房产"频道，基于"立体楼盘展示"的理念，为购房者提供全新的 3D 观房体验。

专家预测，网上看房将进入全面 3D 化竞争时代。

　　与 3D 技术较早进入并得以成熟应用的影视、游戏等领域相比，3D 技术对房地产领域的商家和消费者而言显然更具现实意义。对消费者而言，购房前在数个楼盘之间来回奔波、反复比较的过程令人叫苦不迭，售楼小姐的舌灿莲花不仅真假难辨，也极易让人产生听觉疲劳。2008 年，以"图片 + 视频"为主要实现方式的"2D 版"网上看房曾风靡一时，然而无论是用户体验，还是对于楼盘的真实还原程度，其效果都不太理想。而利用纯熟 3D 技术创造的网上看房平台，可为用户提供从建筑外观到户型格局，从园区规划到配套设施的全方位沉浸式网络购房体验，购房者通过区位展示、户型展示、形象展示、实景展示、在线订购等个性化服务，足不出户即可快速便捷地获得楼盘几乎所有的信息，帮助自己做出合理判断。

网上看房示例（一）

网上看房示例（二）

室内设计

业内人士认为，3D 技术进入地产营销领域是大势所趋，不过相较于行业需求又明显"迟到"。据新浪 3D 看房频道的技术服务商水晶石科技集团董事长卢正刚透露，"早在 2004 年就有开发商提出将楼盘展示放在互联网上的需求"。不过即使是像水晶石科技这样在 3D 领域始终走在行业前列的公司，也直到 2008 年才与新浪乐居频道合作，尝试推出"网上售楼处"，首次实现楼盘综合信息的互联网三维立体展示。谈及"3D 网上看房"推出较晚的原因，水晶石教育学院院长刘朝晖表示，成本、周期、人才是困扰行业发展的关键因素。3D 领域对应用技术要求非常高，三维技术的成本又相对较高，而且制作周期较长，需要大量 3D 技术人才。

巨大的市场空间，昭示了 3D 网上看房广阔的应用前景和市场价值。如果你正好要买房，何不马上试一试 3D 看房呢？

室内设计是一种艺术与技术的综合，传统的室内设计是以效果图、三维动画的方式来展现设计师的设计理念的，而效果图只能给客户提供静态的视觉体验，并且只能展示室内的某部分，或者某一朝向，这对于非专业的客户来说无法对设计方案形成直观认识，也不能充分了解设计的格局与风格。与此同时，平面的展示模式无法全面拓展设计师的空间思考范围，在很大程度上影响了设计师对于整个设计方案的功能性及艺术性的把握，也限制了设计师创新能力的发挥。另外，三维动画虽有较强的动态三维表现力，但不具备实时交互性。

而虚拟现实技术在室内设计中的应用为我们开辟了一种新的室内设计和展示模式。通过虚拟现实技术将设计理念以逼真的三维虚拟空间进行展示，看着餐厅中的凳子、椅子和桌子，是不是有冲动喊上一句"翠花，上酸菜！"，这种真切感就是虚拟现实技术带给我们的。

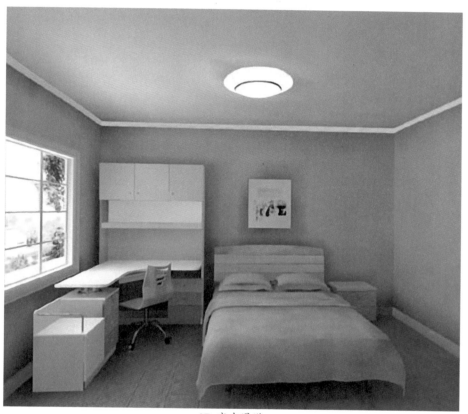

3D 室内漫游

你是不是更想再走上一圈，真切地感受一下自己的新家呢？平面的三维效果图当然不能满足你了？我们的秘密武器就是 3D 漫游家居，它急你之所急，能以动态交互的方式，让你全方位地审视室内的情况，能够多角度近距离地观察室内场景，在不同的设计方案之间实时切换，充分体验设计的功能性、舒适性和艺术性。虚拟现实技术能更好地帮助设计师与客户交流，丰富了室内设计的表现手法，快捷准确地展现了室内空间环境和功能布局，同时也激发了设计师的创作灵感。你也不妨动手一试，设计一款理想的家居。

圆方家具销售预知系统

圆方家具销售预知系统

　　2006 年中国家具行业市场风云变幻，但是挑战与机遇永远是并存的，当行业的发展出现群雄逐鹿、前景模糊的状况时，一个新的格局即将诞生，正所谓"风雨欲来风满楼"。一位善于铸剑的世外高人"圆方计算机软件公司"，历经 12 载修为练成天地之剑——"圆方家具销售预知系统"，集萃剑气锋芒撼然问世，犹如一记惊雷炸响，给沉闷的家具天空带来无限生机……"圆方家具销售预知系统"实现卖场布置"零"误差。只要完成平面摆设设计，就能自动形成卖场的三维场景，在场景中可以更改家具款式、家具摆放位置，调整灯光布局，摆放各种饰品，10 分钟内就能根据顾客的户型、装修风格、已有的家具、新家具等修改场景……一切满意后，还能从任意不同的角度生成多幅照片级的三维效果图，真实直观的家居效果立刻就能通过计算机展现给顾客。

第六章 虚拟现实技术在教育医疗领域的应用

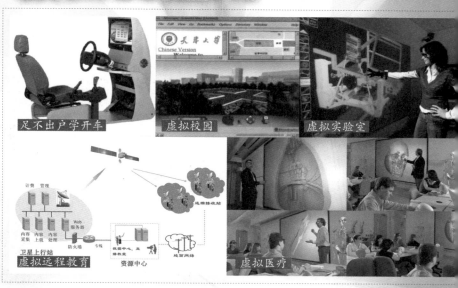

足不出户学开车

虚拟校园

虚拟实验室

虚拟远程教育

资源中心

虚拟医疗

6.1 足不出户学开车

　　跑跑卡丁车可以满足你的驾车欲望吗？是否只有当你触碰到真正的方向盘时，才能感觉到开车的刺激呢？在大型电玩城中的电子赛车游戏机可以满足你对赛车的加油门、急刹车、漂移等一系列惊险刺激动作的要求，然而这并不能让你感受到像在公路上一样真实的开车环境。现在已经有这样的设备，它不仅能满足你渴望驾车的愿望，而且能带给你意想不到的收获。不久之后，你买车了，你会感觉到你不用学车就已经能开车了。这是不是一件很神奇的事呢？是的，这就是可以让我们足不出户学开车的驾驶模拟器。

　　现今路越修越宽，越修越多，然而汽车的数量也在不断增加，这对于想开车又没有太多时间学开车的人来说，无疑是个头疼的问题。亲爱的读者，现在你可以告诉那些学车族，一款汽车驾驶模拟器就可以解决他们的烦恼。那什么是汽车驾驶模拟器，它到底能做什么呢？我想你们也在期待了吧，那么，就赶快开始我们的体验吧！

电玩城极速飞车

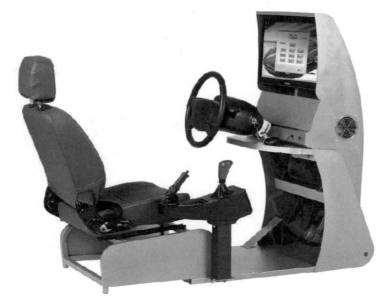

汽车驾驶模拟器

汽车驾驶模拟器，模拟未来

人们对事物的感知有 80% 来自于视觉，因此与驾驶模拟器配套的视觉系统十分重要。这套汽车驾驶模拟器的视觉系统为驾驶者提供了一个仿真的车内仪表盘视景系统和一个驾驶室外景系统。外景系统提供诸如道路、道路旁的建筑物、车辆、山川、田野等视景。

在开车时，驾驶者能真实地感受到实际的各种车况和路况信息。该系统采用了各种特效手段，令车外的景物栩栩如生，就连流动的河水、车轮在草地上制动的痕迹也十分逼真。当遇到容易出现事故的天气时，如雨雪天、雾天或者

夜晚，开车的人多少会有些顾忌，而诸如此类的驾驶环境在驾驶模拟器中也可以实现，学习开车的人还可以选择高架桥或者高速公路等特殊环境练习，这既避免了学车人的心理忌惮，同时也使他们的心理素质得到了很好的锻炼。对各种复杂情况，比如多辆车追尾，汽车驾驶模拟器也能进行模拟，它能让驾驶者真实地感受到碰撞，比如碰到树、桥栏杆后，车辆会变形或者被树、栏杆弹回来，甚至是把树、栏杆撞坏。通过这样的练习认知，驾驶者可以在不付出真正的财产损失与生命代价的前提下积累宝贵的实际驾驶经验。

第六章 虚拟现实技术在**教育医疗领域**的应用

驾驶环境

碰撞模拟

　　显然，绝大多数情况下，整条公路上并不是只有一辆车，学车者还必须学会与他人共同行驶，为了能达到更好的驾驶培训效果，武汉理工大学和湖北理工学院联合研制开发的模拟器采用了分布式虚拟现实技术，这种技术能让处于不同地域的多个用户在同一个虚拟世界中进行实时交互，交流驾驶经验，共同完成各种驾驶任务。除能提高汽车驾驶技能外，汽车驾驶模拟器还能为城市景观赋予动态的效果，为交通事故的处理提供一定的参考依据。汽车驾驶模拟器能让我们真实地感受到行车乐趣。

汽车驾驶模拟器的使用

汽车驾驶模拟器作为培训工具在发达国家早已普遍运用，日本政府在1970年就以正式法律规定，汽车驾驶学校必须装备汽车驾驶模拟器。美国在20世纪70年代中期就有500多所汽车驾驶学校装备了汽车驾驶模拟器，大多数欧洲国家也相继制定了使用汽车驾驶模拟器的法规。我国自2005年3月1日起正式施行汽车模拟教学的平均学时为10个学时。如果按照过去使用教练车每小时行驶30公里，平均每百公里油耗20升计算，使用汽车驾驶模拟器教学，平均每个学员完成学业可节约燃油60升，所以，使用汽车驾驶模拟器还具有很好的节能效果。

目前，汽车驾驶模拟器已经正式成为驾驶员培训新大纲的学习内容之一，这种简便易学的汽车驾驶模拟器正在成为驾驶教学的好帮手，让足不出户学开车成为现实。

分布式虚拟现实技术

分布式虚拟现实系统简称DVR，是虚拟现实系统的一种类型，它是基于网络的虚拟环境，将位于不同物理环境位置的多个用户或多个虚拟环境通过网络相连接，或者多个用户同时参加一个虚拟现实环境，通过计算机与其他用户进行交互，并共享信息。

分布式虚拟作战

系统中，多个用户可通过网络对同一虚拟世界进行观察和操作，以达到协同工作的目的。简单地说，是指每个用户在一个虚拟现实环境中，通过计算机与其他用户进行交互，并共享信息。虚拟作战中每个作战者都是在同一个环境中，可以互相交流自己的方位等情况，与真正的战场一样。

6.2 虚拟校园

　　众所周知，校园文化与教育息息相关。教师、同学、教室、课堂、实验楼、操场等，校园的一草一木，伴随我们成长，无不潜移默化地影响着我们每一个人。从某种程度上来说，我们从中所学到的，远远超出书本所给予我们的。网络教育和虚拟现实的技术特点，决定了我们可以对校园环境进行仿真。虚拟校园是虚拟现实技术与网络结合应用在教育方面的集中体现。

　　目前，虚拟校园存在两种定义：一种是从信息、网络和媒体技术发展的角度，虚拟校园被理解为一个以计算机和网络为平台、以远程教学为目标的信息主体；另一种是从因特网、虚拟现实技术、网上虚拟社区（社群）和3S技术发展的角度，虚拟校园被定义为对现实校园三维景观和教学环境的数字化和虚拟化，是基于现实校园的一个三维虚拟环境，用于支持对现实学校的资源管理、环境规划和学校发展。

天津大学虚拟校园

1996 年，天津大学在 SGI 硬件平台上，采用虚拟现实国际标准，最早开发了虚拟校园。它让没有去过天津大学的人，可以好好领略一下这座近代史上久富盛名的大学。当时国际互联网刚刚进入中国，网络教育还未开始，已有如此的杰作，实在难得。

随着网络时代的到来，网络教育迅猛发展，尤其是在宽带技术大规模应用的今天。国内一些高校已经开始逐步推广、使用虚拟校园模式。先后有浙江大学、上海交通大学、北京大学、西南交通大学、中国人民大学等著名高校，采用虚拟现实技术建立了虚拟校园，下图展示了中国人民大学的虚拟校园。

（a）　　　　　　　　　（b）

（c）　　　　　　　　　（d）

中国人民大学虚拟校园

由于缺乏较全面的考虑和大胆的尝试，虚拟校园的实际用途还比较单一。网络状况、硬件情况等客观因素也阻碍了它的推广与普及。目前，国内外许多大专院校都在尝试建立三维虚拟校园，但研究的内容主要局限在三维虚拟校园的建模和三维空间的浏览上，没有将三维虚拟校园场景和交互式的网络远程教育进行整合研究，没有设置任何的三维超链接和虚拟人物交互活动，也没有在虚拟校园中进行学习的功能。现有的大多虚拟校园的实际功能都是以浏览为主。

　　但也有例外，中央广播电视大学远程教育学院，投入较大的人力和物力，采用基于因特网的游戏图形引擎，将网络学院具体的实际功能整合在图形引擎中，突破了目前大多虚拟现实技术的应用仅仅停留在校园一般性浏览的现状，并作为基础平台进行大规模应用，效果非常好，业内反映强烈，通过了教育部和有关院校的技术鉴定。该系统以学员为中心，构想了一些人性化的功能，以虚拟现实技术作为远程教育基础平台，在国内甚至在国际上也属罕见。他们大胆的创新设计与实际应用，将开创一段崭新的里程，让人们感受到全方位的教学、校园文化，这正是我们所需要的真正的教育。

　　另外，可喜的是，教育部在一系列相关的文件中多次提到了虚拟校园，并阐明了虚拟校园的地位和作用，在方向上给了大家一个明确的定位。浙江大学在国家"863成果展"上，展出了他们的虚拟校园。对虚拟现实技术与教育的结合，起到了很好的推广、促进作用。随着网络教育的深入，人们已经不仅仅满足于对校园环境的浏览，基于教学、教务、校园生活的三维可视化虚拟校园呼之欲出。人们需要一个完整的虚拟校园体系，真实、互动、情节化的特点是虚拟现实技术独特的魅力所在，新技术必将引起教育方式的革命。

6.3 虚拟现实实验室

　　随着虚拟实验技术的成熟，人们开始认识到虚拟现实实验室在教育领域的应用价值，它除了可以辅助高校的科研工作外，在实验教学方面也具有利用率高、易维护等优点。近年来，国内的许多高校都根据自身科研和教学的需求建立了虚拟现实实验室。那么虚拟现实实验室是怎样的呢？请大家跟我一起来认识一下吧！

虚拟现实实验室系统的组成

　　根据虚拟现实技术的内在含义和技术特征，虚拟现实实验室系统的组成如下图所示。

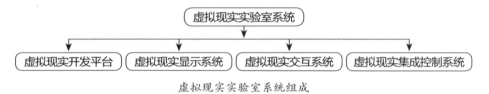

虚拟现实实验室系统组成

虚拟现实开发平台

　　一个完整的虚拟现实系统需要有一套功能完备的虚拟现实应用开发平台，一般包括两个部分：一部分为硬件开发平台，即高性能图像生成及处理系统，通常为高性能的图形计算机或虚拟现实工作站；另一部分为软件开发平台，即面向应用对象的虚拟现实应用软件开发平台。开发平台部分是整个虚拟现实系统的核心部分，负责整个虚拟现实场景的开发、运算、生成，是虚拟现实系统最基本的物理平台，同时负责连接和协调整个系统的其他各个子系统的工作和运转，与它们共同组成一个完整的虚拟现实系统。因此，虚拟现实系统开发平台部分在任何一个虚拟现实系统中都不可缺少，而且至关重要。

虚拟现实显示系统

　　在虚拟现实应用系统中，通常有多种显示系统或设备，例如，大屏幕显示器、头盔显示器、立体显示器和虚拟三维投影显示系统，而虚拟三维投影显示系统则是目前应用最为广泛的，因为虚拟现实技术要求应用系统具备沉浸性，而在所有的显示系统或设备中，虚拟三维投影显示系统是最能满足这项功能要求的系统。虚拟三维投影显示系统是目前国际上普遍采用的虚拟现实和视景仿真的实现手段和方式，也是一种最典型、最实用、最高级别的投入型虚拟现实显示系统。高度逼真的三维投影显示系统的高度临场感和参与性最终使参与者真正实现与虚拟空间的信息交流和现实构想。

虚拟现实交互系统

多自由度实时交互是虚拟现实技术最本质的特征和要求之一，也是虚拟现实技术的精髓，离开实时交互，虚拟现实应用将失去其存在的价值和意义，这也是虚拟现实技术与三维动画和多媒体应用最根本的区别。在虚拟现实交互应用中通常会借助一些面向特定应用的特殊虚拟外设，主要是 6 自由度虚拟交互系统，例如，力或触觉反馈系统、数据手套、位置跟踪器或 6 自由度空间鼠标、操纵杆等。

虚拟实验室

虚拟现实集成控制系统

一个大型的虚拟现实系统涉及很多小的系统，例如，多台投影机、音响系统以及多路视频的输入和切换、辅助的灯光和窗帘等，这些都需要方便地控制和管理，每个小系统又包括很多产品和设备，这些产品和设备之间也需要相互连接、相互依赖，彼此之间协同工作。因此，这样一个复杂的系统要顺利地运行并能够协同工作，就需要进行管理，集成控制系统便是承担这项工作的载体，有了集成控制系统，上述一系列工作通过一个简单的遥控器就可完成整个操作过程。

通常，有些用户并不重视这个部分，而该部分在虚拟现实系统中恰恰又是非常重要的。一个完善的集成控制系统能使用户很方便地使用虚拟现实系统，并能将虚拟现实系统中各个部分的功能充分地发挥出来。如果没有集成控制系统，往往会造成整个虚拟现实系统利用率低、系统管理困难、系统稳定性差、协同工作能力不足等一系列问题。

在通常的集成控制系统中，最典型的设备就是中央控制系统和矩阵系统，这些设备功能强大、操作简单、使用便捷、管理方便，是整个虚拟现实系统有效管理和运行的基本保障。

虚拟现实实验室设备配备

了解了虚拟现实实验室系统的组成，大家肯定会对其中的设备感兴趣，下面将一一介绍。

虚拟现实技术的特征之一就是人机之间的交互性。为了实现人机之间充分的信息交换，必须设计特殊的输入和演示设备，以触及各种操作和指令，并且提供反馈信息，实现真正生动的交互效果。不同的项目可以根据实际的应用，有选择地使用工具，主要包括虚拟现实工作站、立体投影、立体眼镜头盔显示器、三维空间跟踪定位器、数据手套、3D 立体显示器、三维空间交互球、多通道立体环幕系统、建模软件等。这里将着重介绍三维空间跟踪定位器、3D 立体显示器和多通道环幕（立体）系统（其他设备将在其他章节中为大家介绍）。

三维空间跟踪定位器

三维空间跟踪定位器

　　三维空间跟踪定位器是用于空间跟踪定位的装置，一般与其他虚拟现实设备结合使用，例如，数据头盔、立体眼镜、数据手套等，使参与者在空间上能够自由移动、旋转，不局限于固定的空间位置，操作更加灵活、自如、随意。

3D 立体显示器

3D 立体显示器

　　3D 立体显示器是一项新的虚拟现实产品，过去的立体显示和立体观察都是在 CRT 监视器上戴上液晶光阀的立体眼镜进行观看，并且需要通过高技术编程开发才能实现立体现实和立体观察。而立体显示器则摆脱以往对该项技术的需求，不需要任何编程开发，有三维模型，就可以实现三维模型的立体显示，用肉眼即可观察到突出的立体显示效果，不需要配戴立体眼镜设备；同时，也可以实现视频图像（如立体电影）的立体显示和立体观察，同样也无需配戴立体眼镜。

多通道环幕（立体）系统

多通道环幕（立体）系统

多通道环幕（立体）投影系统是指采用多台投影机组合而成的多通道大屏幕展示系统，它比普通的标准投影系统具备更大的显示尺寸、更宽的视野、更多的显示内容、更高的显示分辨率，以及更具冲击力和沉浸感的视觉效果。该系统可以应用于教学、视频播放、电影播放（现在很多影院采用这种方式）等。多通道环幕（立体）投影系统由于其技术含量高、价格昂贵，在此之前一般用于虚拟仿真、系统控制和科学研究，近年来开始向科博馆、展览展示、工业设计、教育培训、会议中心等专业领域发展。其中，院校和科博馆是该技术的最大应用场所。这种全新的视觉展示技术更能彰显科博馆的先进性和创新性，在今后若干年内都不会被淘汰。

虚拟现实实验室与传统实验室的比较

虚拟现实实验室与传统实验室比较具有的优点

1. 克服空间限制，突出了实验教学以学生为中心的模式

在启用虚拟现实实验室之后，学生经过系统预习，凭借自动生成的预习报告，就可以直接进入实验室进行实战操作，减少教师工作量，教师只需针对个别答疑，很好地克服了时空的限制，并避免了仪器的损坏。一方面把教师从重复劳动的负担中解脱出来，提高了实验效果；另一方面，将实验搬到计算机上，具有省时、省材、安全、方便等特点，提高了学生的计算机应用水平，让学生的实验操作更加趋于规范化和科学化。

2. 功能全、成本低、实验材料丰富

虚拟现实实验室提供了数千种常用元器件等实验设备，且参数可任意设置，使用数量、次数不受限制，用户还可以根据需要扩充元器件库。虚拟现实实验室还提供多种分析方法，实验报告通过系统可以自动生成，达到了"软件即仪器""软件即元器件"的效果，从根本上解决了因经费短缺、使用不当、管理不善等原因对实验室建设带来的严重制约，是传统实验室建设无法比拟的。

3. 开放式实验室，扩充学生的知识面

在虚拟现实实验室中学生可以在计算机上独立操作，所见即所得，形象直观。学生的设计与实验可随心所欲，并且能做到一人一组，充分扩展了学生的思维空间，给他们更大的自由发挥的天地，为学生创造了一个良好的学习环境和条件。

第六章 虚拟现实技术在**教育医疗领域**的应用

虚拟现实实验室在教学中的重要意义

1. 提高学生参与实验的兴趣

虚拟现实实验室逼真的三维声像效果、自然的交互操作功能强烈地吸引着学生参与到"实际情境"中去，自由探索和自主学习，积极构建其知识结构，并培养创新能力和探索精神。

2. 弥补现有物质条件的限制，大大拓展实验室空间

3. 满足不同的学习需要，实现真正的因材施教

伴随着虚拟现实技术的发展，丰富多彩的虚拟实验可以满足不同学生的学习需要和学习特点，真正解决教育中"个性"和"共性"的矛盾。

虚拟现实实验室增强并扩展了实验教学的功能，以前所未有的方式将学生和实验仪器联系起来，为学生提供了一种崭新的实验方式。在使用虚拟现实实验室的过程中，如果能把虚拟的与真实的相比较，加强学生之间的相互合作，并注重激发学生的兴趣，促使其进行探究，必将会产生巨大的教育价值。

6.4 虚拟远程教育

发展现代远程教育是解决我国地域广阔、经济发展不平衡而导致的教育发展不平衡的极好途径。我国对远程教育有极大的需求空间，国内人大、清华网络学堂以及国外名校公开课程的迅速发展就是一个很好的例子。远程教育系统的实现使得教与学都不再受地理位置的限制，实现了空间意义上的开放性。

现代远程教育是以计算机网络技术、卫星通信技术为基础，以多媒体技术为主要手段的一种新型教育模式。以学习者为中心，旨在使每一位学习者都能得到充分学习的机会。"以学习者为中心"是现代远程教育的指导思想，"使每一位学习者都得到充分发展"是现代远程教育的最终目的。

我国的远程教育经历了三个阶段：第一阶段是函授形式，采用邮寄文字、印刷品等阅读资料传播知识；第二阶段是运用广播、电视录像等模拟信号传播知识；第三阶段是运用计算机网络技术、卫星通信技术，在数字化环境中进行交互式的教学。

然而，我国网络远程教育的发展才刚刚起步，计算机技术在教育领域的应用还很不成熟。网络远程教育存在四个主要特征：时间分离、空间分离、师生分离、教管分离。这"四大分离"无疑也成为了这种新的教学模式的"四大软肋"，如何改变这种状况，改进网络远程教育，是摆在广大远程教育工作者和教育技术研究者面前的一大课题。

随着技术的进步，虚拟现实技术成了教育界研究的一个热点。近几年，虚拟现实技术在远程教育中的应用已经有了一定的成果，为远程教育注入了新的生机。

虚拟现实技术在远程教育中的应用方式

目前，虚拟现实技术在远程教育中的应用主要有以下两种方式：

建立虚拟校园　把虚拟现实概念和技术应用于建立网上教学系统，实现一个虚拟的校园。虚拟校园的教学管理机构及其人才培养场所，例如校园、教室、实验室等网上教学环境，均由计算机模拟环境所替代；校方通过网络对学习者学习情况进行评定，给予相应学位或证书；学生则通过网络查询、选择自己所需学习的课程，运用网上数值、文本、图形、声音、影像俱全的超媒体教材攻读学业，并进行实践和科学研究；虚拟校园让学习者融入所提供的学习环境中而成为环境的一份子，系统能够按照学习者不同的需要调整教与学的关系，有利于因材施教。学习者可以在虚拟的校园中行走，和其他虚拟学习者交谈，随时随地在网上向教师或同学请求指导或帮助。例如，英国的科林德虚拟大学可提供给学习者几乎所有的教育设备和资源，在达到一定的教学目标的前提下还给予学习者很高的自由度。

　　直接用于教学　　虚拟现实技术能够为学生提供生动、逼真的学习环境，学生能够成为虚拟环境的一个参与者，在虚拟环境中扮演一个角色，这对调动学生的学习积极性、突破教学的重点、难点，培养学生的技能起到积极的作用。

西南交通大学虚拟校园　　　　　　　　　　虚拟教学平台

虚拟现实技术在远程教育中的应用

虚拟现实技术在远程教育中的应用主要体现在四个方面：

　　知识学习　　知识学习是指远程教育可使学生利用虚拟现实系统学习各种知识。虚拟现实系统可以再现实际生活中无法观察到的自然现象或事物的变化过程，为学生提供生动的感性学习材料，帮助学生解决学习中的知识难点。例如，向学生展示原子核裂变、半导体导电机理等复杂的物理现象，供学生观察学习。另外，虚拟现实系统可以使抽象的理论概念直观化、形象化，方便学生理解。例如，学习加速度概念时，通过虚拟演示，可让学生观察当改变物体所受合力大小及方向时，加速度的变化情况，使学生加深对加速度概念的理解。

　　探索学习　　虚拟现实技术可以对学生学习过程中所提出的各种假设模型进行虚拟，通过虚拟系统可直观地观察到这一假设所产生的结果或效果。例如，在虚拟的化学系统中，学生可以按照自己的假设，将不同的分子组合在一起，计算机便可虚拟出组合的物质来。

虚拟实验　利用虚拟现实技术，还可以建立各种虚拟实验室，如地理、物理、化学、生物实验室，在实验室里，学生可以自由地做各种实验。

技能训练　虚拟现实的沉浸性和交互性，使学生能够在虚拟的学习环境中扮演一个角色，全身心地投入到学习环境中去，这非常有利于学生的技能培养。利用虚拟现实技术，可以完成各种各样的技能训练，例如，军事作战技能、外科手术技能、教学技能、体育技能、汽车驾驶技能、果树栽培技能、电器维修技能等各种职业技能的训练。学生可以反复练习，直至掌握操作技能为止。

目前，虚拟现实系统的硬件设备还比较昂贵，虚拟现实技术还未能普及。但是随着虚拟现实技术的不断发展和完善，以及硬件设备价格的不断降低，虚拟现实技术终将作为一个新型的远程教育媒体，以其自身强大的教学优势和潜力，逐渐受到远教工作者的重视和青睐，最终在远程教育领域广泛应用，并发挥其重要作用。

6.5 虚拟医疗

虚拟现实技术在医疗方面的应用具有十分重要的现实意义。在虚拟环境中，可以建立虚拟的人体模型，同时借助跟踪球、HMD（头戴式可视设备）、数据手套，学生可以很容易地了解人体内部各器官的结构，这在一定程度上比看教科书的方式要有效得多。

虚拟现实在医疗领域的应用主要有：虚拟手术、数字医院、医学模拟演示、实训模拟、教学演示、医院虚拟仿真系统、医学手术仿真训练等。

虚拟现实技术在医学教育领域的应用也被称为虚拟手术，它的原理就是应用计算机技术建立虚拟外科手术训练器，用于外科手术模拟。这个虚拟的环境包括虚拟的手术台、手术灯、外科工具（如手术刀、注射器、手术钳、内窥镜等）、人体模型与器官等。借助于 HMD 及数据手套来模拟和指导医学手术所涉及的全部过程。在时间段上包括了术前、术中、术后，旨在实现手术教学、手术计划制定、手术排练演习、手术技能训练、术后康复等模拟应用。

虚拟现实技术在医学中的应用前景广阔，学员在进行手术学习之前，可以通过虚拟现实制作的模拟手术系统进行练习，这样，在进行实际操作时，可以有的放矢，教学效果相比预习文字描述步骤要深刻得多，也将大大减少因失误造成的实验动物和标本的浪费。例如在学习诊断学时，心脏的心音听诊是个难点，这时可以让学员通过虚拟现实系统，在虚拟的病人身上，直接看到心脏内部的结构并将心音录音，同时学员也可从各个角度观看心瓣膜工作状态与心音产生的关系，这种学习的直观程度，即使在真实病人的身上，配合彩色超声也很难达到。

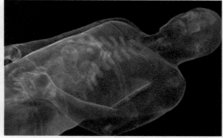

虚拟医疗

在医学院校，学生可在虚拟实验室中进行"尸体"解剖和各种手术练习。采用这项技术，由于不受标本、场地等的限制，培训费用大大降低。一些用于医学培训、实习和研究的虚拟现实系统，仿真程度非常高，其优越性和效果是不可估量和比拟的。例如，导管插入动脉的模拟器，可以使学生反复实践导管插入动脉的操作；眼睛手术模拟器，根据人眼的前眼结构创造出三维立体图像，并带有实时的触觉反馈，学生利用它可以模拟移去晶状体的全过程，并观察到眼睛前部结构的血管、虹膜、巩膜组织及角膜的透明度等。

外科医生在真正动手术之前，通过虚拟现实技术的帮助，能在显示器上重复地模拟手术，移动人体内的器官，寻找最佳手术方案并提高熟练度。另外，在远距离遥控外科手术、复杂手术的计划安排、手术过程的信息指导、手术后果预测及改善残疾人生活状况，乃至新药研制等方面，虚拟现实技术都能发挥十分重要的作用。

加拿大西安大略大学医疗健康学院 3D 虚拟现实环境

西安大略大学选择了两台 Christie DS+5K 3 片 DLP +SXGA 投影机，在其创新的 3D 阶梯教室内进行背投式被动立体投影。投影机投影到一个定制实验室内的屏幕上，采用数据采集软件来支持教授的课程，为学生带来了前所未有的实践体验。

加拿大西安大略大学医疗健康学院 3D 虚拟现实环境

相关网站

1. 雷神科技网络：世界虚拟医疗的应用与发展综述
   http://www.vrray.com/yjzx.aspx?id=188
2. 中视典网站：虚拟现实打造信息化战场"虚拟医疗救护"
   http://www.vrp3d.com/article/cnnews/590.html
3. 数虎图像网站：数字医院 http://www.cgtiger.com/ch/hospital.asp

第七章 明天会更好
——触手可及的虚拟现实

可触摸 3D 技术问世

3D 打印技术

Hololens 全息头盔

回顾前夕精彩

7.1 可望又可即（一）

——可触摸 3D 技术问世

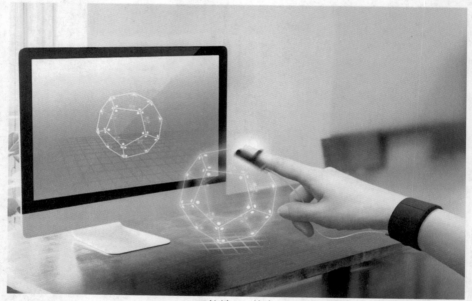

可触摸 3D 技术

　　3D 视觉成像技术能够让人看到逼真的立体画面，但却留下了可望而不可即的遗憾。2014 年 9 月在日本新公开的一项 3D 触摸技术则有望在不久的将来让虚拟现实变得"触手可及"。

　　隶属于日本产业技术综合研究所的 Miraisens 公司在筑波市举办的一场媒体预展中公布了这款能"摸"到的虚拟 3D 成像产品。这项即将进军市场的技术有助于提升人们的虚拟现实体验，使人们能够亲手"触摸"到计算机中本不存在的虚拟物品。

　　前索尼公司虚拟现实技术研究员、公司首席执行官香田夏雄表示："身体接触是人际交往中的重要环节，但在此前，虚拟现实体验中并未有实际触感的参与，这项技术的诞生则给人带来了亲手触摸虚拟 3D 世界的机会。"

　　3D 触摸技术的发明者兼公司首席技术官中村则雄（音译）解释说，该技术使用了一台 Oculus Rift 虚拟现实头盔以及一个固定在手腕上的接收器盒子，接收器与指尖、硬币状的传感器或感应笔相连。通过这套装置，用户可以在触觉上得到虚拟画面的反馈，例如按下按钮时的阻力。视觉图像和外戴于指尖的振动装置协同作用，可"欺骗"人脑的感觉系统，使人产生切实触摸到虚拟物体的错觉。

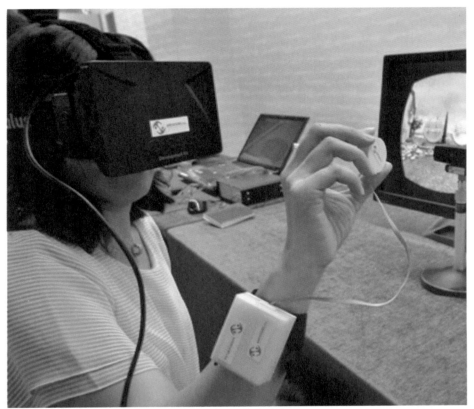

可触摸 3D 技术设备

目前研发者已经制作出硬币状、棒状、笔状或其他简单形状的外部设备。作为该项技术的世界领跑者，Miraisens 公司希望未来能够推动这项技术在电子产品业和服务业领域的商品化。例如可将此项技术植入游戏控制器中，使玩家在游戏中做出推、拉等具体动作时，能够亲身感受到来自控制器的实际阻力，强化游戏体验。另外，该技术未来还可能在医疗等领域发挥作用，例如协助医生进行远程遥控手术操作或制作具备辅助导航功能的盲人手杖等。

从 Miraisens 公司发布的产品不难看出，可触摸虚拟现实技术具有下面几个显著特点。

多感觉的统一

实验表明，更多的感觉被刺激后，会让人有更深层次的虚拟现实浸入感。近几年，视觉与听觉刺激体验在虚拟现实技术中也变得越来越真实，但可触摸的虚拟现实技术发展却显得相对滞后，该技术的发展能使人类的多种感觉统一，达到真正沉浸的效果。

2010年欧盟的"完全浸入"计划，让苏黎世理工大学也参与到该技术的研发中。主持该项目的哈德教授正在同该校计算机视觉实验室中其余的科学家一起积极致力于打破人与虚拟现实物体之间的触摸障碍。

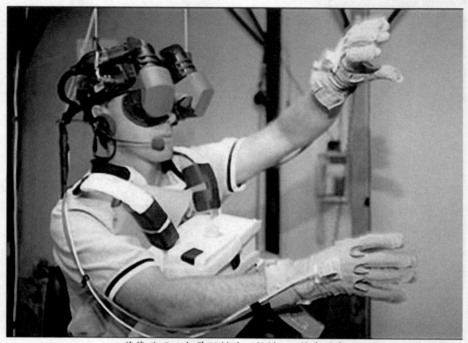

苏黎世理工大学研制的可触摸 3D 技术设备

实时的 3D 影像生成

科研人员发明了一种技术可以让视觉与力反馈系统捆绑。当一个 3D 扫描设备记录下一个物体的影像，例如捕获一个青蛙玩具，使用者可以通过力反馈系统感知该物体。传感手臂可以移动到任何方向并且配有作用力、加速度、滑动传感器，这些设备用来搜集形状与实体的信息。将原物体扫描后得到的信息在运算公式的帮助下经过计算机严格的测量与计算，最终生成玩具青蛙的虚拟现实复制品。

未来技术

    到目前为止，虚拟现实技术也只能去触摸一个虚拟物体，而不能抓取它。为了达到这一目标，特殊的力反馈手套应运而生，通过这个设备，使用者不仅能触摸到而且能抓取到虚拟现实物品。苏黎世理工大学的专家们正在研发这套装置。哈德教授乐观地相信在 20 年后这项技术将会同今天的互联网技术一样普及。

    可以预见，在不久的将来，3D 触摸技术将在我们生活的方方面面发挥举足轻重的作用并彻底改变人与人之间的交流方式。可望又可即，将不再是梦。

7.2 可望又可即（二）

——3D 打印技术

你需要一双精致无比独一无二的鞋子？你需要一个奇特的手枪玩具？你需要一个可口的汉堡？你需要另一个自己？只管打印出来就好了。3D 打印带你进入哈利·波特的魔法世界，它能将想象变成现实。

3D 打印机（3D Printers）是一位名叫恩里科·迪尼（Enrico Dini）的发明家设计的一种神奇的打印设备，它不仅可以打印出一幢完整的建筑，甚至可以打印出任何你想到的物品。它不仅让虚拟现实"触手可及"，而且能使人们获得现实中根本不存在的虚拟物品，如同哈利·波特手中的魔法棒，挥手间创造出一个奇异的世界。美国总统奥巴马说："3D 打印将为几乎所有产品的制造方式带来革命性变化。"

3D 打印技术打印的房子（上海）　　　　　3D 打印技术打印的鞋子

不同于普通打印机打印平面材料，3D 打印机打印的是三维实体，它使用三维辅助设计软件设计出模型或原型之后，在设计文件指令的导引下，打印头先喷出固体粉末或熔融的液态材料，使其固化成为一层平面薄层。第一层固化后，再在第一层的上方固化第二薄层，如此往复，最后累积成三维实体。打印原料可以是有机或无机材料，例如橡胶、塑料、生物材料、食品材料等。

3D 打印已经成为一种潮流，并开始广泛应用在设计领域，例如工业设计、数码产品开模等。3D 打印可以在数小时内完成一个模具的打印，节约了产品到市场的开发时间。3D 打印赋予了普通人强大新颖的设计和生产工具，人们可以获得专业设计师和制造业大企业所独有的设计和制造能力。不远的将来人们完全可以用计算机把自己想要的东西设计出来，然后进行 3D 打印，就像我们现在可以编辑电子文档一样，通过计算机设计文件或蓝图，3D 打印技术将数字信息转化为实体物品。在未来的 3D 打印世界，无论何时何地，人们想要什么就可以打印什么，这将造就工业革命以来的又一次革命。

　　据国外媒体报道，在不久的将来外科医生们或许可以在手术现场利用打印机打印出各种尺寸的骨骼用于临床使用。这种神奇的 3D 打印机现在已经被制造出来了，而用于替代真实人体骨骼的打印材料则正在紧锣密鼓的测试之中。在实验测试中，这种打印材料替代骨骼已经被证明可以支持人体骨骼细胞在其中生长，并且其有效性也已经在老鼠和兔子身上得到了验证。未来数年内，打印出的质量更好的骨骼替代品或将帮助外科医生进行骨骼损伤的修复，或用于牙医诊所，甚至可以帮助骨质疏松症患者恢复健康。

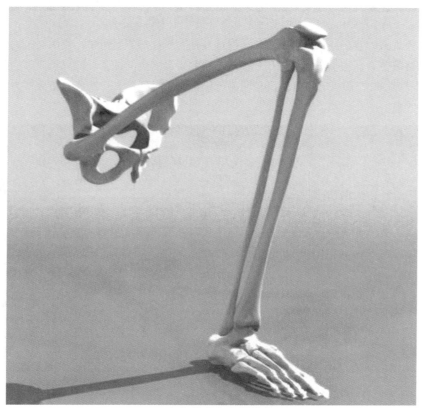

3D 打印技术打印的骨骼

　　我们能设计打印另一个自己吗？3D 照相馆将使其成为可能。与传统照相馆得到的平面照片不同，3D 照相是运用专业的 3D 扫描设备扫描人脸部和身体的三维信息，再经 3D 打印机打印出一个逼真的立体人物塑像。成龙主演的电影《十二生肖》中，复制兽首就是利用 3D 打印技术打印出来的。

《十二生肖》打印兽首的剧照

　　在未来，我们还可以量身定制自己的餐点，例如巧克力饼干、汉堡包、肉饼、番茄酱等美食，再也不用纠结自己厨艺不精和食品安全问题了。你只需为你的厨房定制一款 3D 打印机，将打印机与网络连接，它将时刻接收你的远程指令，为你做一顿大餐。

3D 打印的披萨

　　3D 打印机能做的还远远不止这些，没有做不到，只有想不到。亲爱的读者们，如果你有一台可造万物的机器，你会用它做什么呢？大胆发挥你的想象吧！

7.3 可望又可即（三）：
融合虚拟与现实
——Hololens 全息头盔

Hololens 全息头盔

　　微软公司已很久没有发布激动人心的产品了，这家曾在科技界首屈一指的公司甚至一度被认为是站在创新的对立面。微软悄然走过了 20 年，但过去的那个微软可能又要回来了，连同 Windows10 一起发布的虚拟现实增强设备 Project Holo-lens，让微软公司重回关注的焦点。上图展示了该头盔的应用场景。

　　传统的人机交互主要是通过键盘、触摸屏，以及并不能被精确识别的语音等来实现。Hololens 则为体验更好的人机交互提供了可能，它是一套在现实场景中显示全息图像的设备，使用者可以用手势对这些全息图像进行控制和互动。在个人计算机的桌面上执行任务的图标可与虚拟人物乃至周围环境实现互动，这些过去我们在科幻电影里才能见到的场景，如今已由 Hololens 为我们揭开面纱，成为现实。

在《瓦力》这部电影中，每个人都有一个可随时按照指令出现在面前的全息屏，可以在屏上执行各种任务；不使用时全息屏则立即消失得无影无踪。Hololens 所指向的未来，正是这部动画片中的场景。

在人机交互之外，还有人与人和人与环境的交互。虚拟现实能让远隔万里的人坐在你面前与你促膝长谈，也能让你游览你从未去过也没可能去的地方，如撒哈拉沙漠、马里亚纳海沟、月球、火星等，如下图所示。当前的虚拟现实技术能做到这一点，但还是要戴上连着无数电线的重重的头盔，Hololens 所做的就是把这些虚拟现实设备小型化和便携化，目前看至少是向前迈进了一步。

利用 Hololens 进行火星探测

在 Hololens 出现之前，备受瞩目的可穿戴设备有 Google Glass 和 Oculus Rift，但 Hololens 片刻间就让二者黯然失色，尤其是 Oculus Rift。Google Glass 本质上只具备虚拟现实交互功能，而 Oculus Rift 则是完全营造了一个与现实阻断的虚拟场景，然而 Hololens 却成功地将虚拟和现实嵌合起来，实现了更佳的互动性。使用者可以很轻松地在现实场景中辨别出虚拟图像，并对其发号施令。这就像是在人的头顶上时刻跟随着一个长翅膀的小助手为你完成各种任务一样，令人神往。

想象一下，你在纽约就能与北京总部进行实景会议，你的一举一动，都会被数据传输到北京进行虚拟场景还原。你的各种家庭设备坏了，再也不需要去预约修理，会有技师手把手教你怎么做，与真人在你身边传授无异，如下图所示。大部分需要人与人之间进行实地交流的场景，都可以被 Hololens 所接管，所有的情感交流、商务会议、客服维修、团队协作、在线教育，都顿时变得简单，而且低成本化了。

利用 Hololens 进行远程维修协助

　　在娱乐上，Hololens 能发挥的作用更不必说。你甚至能在自己的屋子里近距离观看火山喷发，或者去火星上走一圈，没准还能碰到外星人；还可以通过对环境的研究，发现一些科学家们尚未发现的东西。微软推广 Hololens 的策略也是从娱乐业开始的，他们收购了一款名为 Minecraft 的游戏，将 Hololens 集成到这款设备中。下图展示了利用 Hololens 玩游戏的场景，是不是很有趣？

利用 Hololens 玩游戏

　　此外，Hololens 在工业设计上也有诸多强大应用，如下图所示。

利用 Hololens 进行工业设计

　　该虚拟现实增强设备自带 CPU、显卡和专门的全息图像处理器，前方的暗色面罩带有一块透明的显示屏，能通过有空间感的音效让佩戴者"听到"身后的全息物体，还集成了一系列动作和环境传感器。

　　Hololens 目前使用独立电源，并用线缆与计算机连接，使用者还不能像戴着 Google Glass 一样戴着 Hololens 在大街上溜达。Hololens 目前还很笨重，但已比 Oculus Rift 好太多了，它具有很高的集成度。

　　Hololens 打开的这扇门，绝不仅仅是虚拟现实那么简单，这其中隐藏的人机交互方式革命，是怎么畅想也不过分的。用一个产品带动一个庞大的相关产业和技术创新浪潮，在历史上并不鲜见，而 Hololens 则很可能是未来最有希望引领技术革命浪潮的那个产品。

7.4 蓦然回首

——回顾往夕精彩

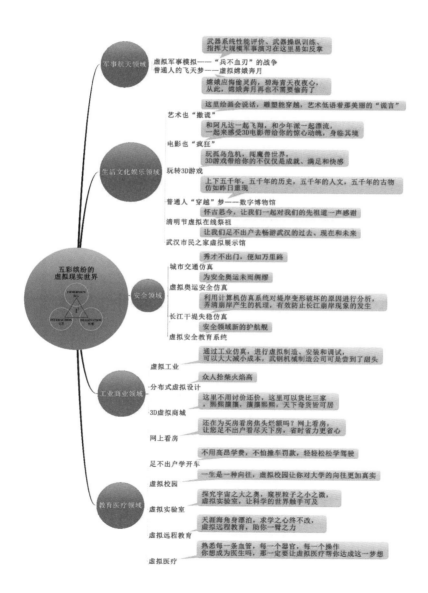

　　虚拟现实是技术，还是媒体的欺骗？我们是身处在现实中，还是在我们自己的感觉世界里？对于个人来说，更直接的是感觉世界。以视觉为例，我们看到的一切，不过是视网膜上的影像。从这一角度出发，我们应该与心理学家、生理学家一起，认真研究人类的感知问题。虚拟现实有其二重性：对于人的感官来说，它是真实存在的；对于所构造的物体来说，它又是不存在的。因此，能够利用这一技术模仿许多高成本的、对人们有危险的，或者目前尚未出现的真实环境，人们可对其进行分析研究、仿真操作及改进设计等。

　　虚拟现实技术目前仍处于探索阶段，20 世纪 90 年代初有了较大的发展，如 CAVE 及分布式 VR，但后来有一段时间发展相当缓慢，由于响应慢、真实感差，人们只是把它当作"玩具"或"演示"而已。但近些年来，随着因特网、图像绘制技术、增强现实技术等的快速发展，虚拟现实又迎来了巨大生机。

　　通过全书的学习，大家对虚拟世界的认识肯定经历了一个从感性到理性的过程，同时也在感叹虚拟现实技术在各行各业发挥着不可替代的作用。那么，让我们再回顾一下这些精彩的瞬间。

　　说到底，虚拟现实是一种新的人机交互形式。与以前任何人机交互形式相比，它有希望彻底实现和谐的、拟人化的人机界面。虚拟现实系统有三个重要特点：沉浸感、交互性和构想性，这决定了它与以往人机交互技术的不同，反映了人机关系的演化过程。在复杂系统中，可能有许多参与者共同在网络虚拟环境中协同工作，各领域专家需联合起来开展研究，协同攻关。

　　同时，虚拟现实技术也可看作是信息的可视化，即将我们想象到的东西真实地展现在我们面前。信息可视化是科学计算可视化的扩展，通常是指不包括科学计算可视化的其他领域可视化技术，如商业可视化、金融可视化，软件可视化等。多数情况下，信息可视化及科学计算可视化并不需要采用昂贵的虚拟现实技术，而用普通二维、三维图形技术即可达到要求，这样更便于推广和普及。

虚拟现实技术的足迹

　　在欧美发达国家以及日本，虚拟现实技术已经有了 30 多年的研究及使用历史。该技术应用领域十分广泛，主要在航空、航天、航海的工程设计和模拟，军事模拟训练，计算机辅助设计，数据可视化，多媒体教育，医疗模拟，工业产品设计，网络游戏，娱乐等方面。

　　国内的虚拟技术也有十多年的研究和应用时间。军工、航天方面最早使用到该技术，近年来，虚拟技术应用已经走过了只被高端国防工业和高等院校使用和研究的阶段，开始被应用于越来越多的民用项目与民用行业。新的虚拟产业公司如雨后春笋般不断涌现，新的应用方向和市场也在被不断探索和开拓，经济效益不断提高、产值不断扩大，如中视典、数虎图像、水晶石等企业就是其中的佼佼者。

如果回到 2005 年，告诉你有这样一种电话，它的运算能力与计算机一样，还有全触摸界面，你一定会下意识地说这是骗人的。当时人们根本无法预料到会有如此多的用户购买使用智能手机，并形成今天如此广大的市场规模。同样地，我们也无法预料虚拟现实技术将会给我们带来什么，但是我们非常确信它将会带来巨大的变革。这是一种趋势，必将发生。

足迹不会驻留——虚拟现实技术的发展与展望

更加个性化

目前头盔或立体眼镜显示屏的分辨率已达到 1080P（即 1920*1080 像素），近期屏幕刷新率将达到 95Hz，用户头部在移动时周围场景 / 视角的改变在 20ms 内完成，从而保证用户的沉浸感。随着实时三维计算机图形技术，广角（宽视野）立体显示技术，对观察者头、眼和手的跟踪技术，以及触觉 / 力觉反馈，立体声、网络传输和语音输入输出技术，以及互联网带宽技术、电池技术等的发展，视角（可视画面的对角线）将大于 110°，屏幕刷新率有望达到 1000Hz，虚拟图像将达到完全模拟现实的程度，虚拟世界所包括的显示、声音、味觉和触觉将进一步模糊虚拟世界与现实世界的界线。以用户需求为驱动，通过用户个性需求收集、需求转化、虚拟设计、原型测试、再设计、虚拟制造的过程，为用户量身定制一种全新的人机交互领域和模式，人们的个性需求将得到前所未有的极大满足。

更加人性化

可以设想，依赖于智能技术的发展，我们最终可以摆脱程序化的管理方式，使自己的心力和智力在更大的空间里得到大幅度"提升"，创造乐趣才能满足全面发展的要求。

可以说，虚拟现实技术是人类进入高度文明社会的必然选择。数字化时代，虚拟现实技术将越来越人性化。有一天，我们会发现所面对的计算机和网络，将不再是一堆单调和呆板的硬件，而是会说话并且能根据人的语言、表情和手势做出相应反应的智能化器件。同计算机和网络打交道，将会同和人打交道一样方便，对于普通大众而言，虚拟现实这一数字媒介将不再是神秘的、不可琢磨的事物，而是善解人意的"精灵"，它了解人对信息的特殊需求，在人需要它的时候，适时地给人们送来信息。

在不远的将来，只要拥有一部智能手机就可以体验虚拟现实。我们每个人都能够从自己的角度来体验五彩缤纷的虚拟现实世界所带来的各种不同的感受。游览者可通过虚拟现实设备观赏由计算机制作的 4D 影像，它能把配戴者带到一个有精灵、发光草、超现实昆虫和各种神奇景观的奇幻世界，能让你吹着空调，哼着小曲，在"热带雨林"中完成一次铁血狙击任务。

百尺竿头更进一步

在本书结尾简单介绍一下武汉理工大学智能制造与控制研究所（ICADCS）。

武汉理工大学智能制造与控制研究所主要由国家级专家、湖北省专家、博士生导师、教授、副教授、讲师、博士研究生、硕士研究生以及在校本科生等组成。

1979 年以来，一批又一批的博士后、博士生、硕士生、本科生来到这里，在智能 CAD/CAM 与 CIMS、专家系统的知识表示与推理策略研究、图形数据结构描述、科学计算可视化与计算机仿真、面向制造的产品原型生成及虚拟环境的建立等方面开展了扎实的研究工作。完成了国家科技攻关，国家自然科学基金，国家"863"高科技计划，国家火炬计划等项目，以及机械部、交通部、湖北省、河南省、江苏省、江西省的科研项目，在计算辅助设计的自动化、智能化和可视化的道路上留下了清晰的足迹。

1981 年陈定方与周迪勋共同研制人机对话生成齿形软件，首次成功实现齿轮范成加工模拟，研制出国内最早的机械零件参数化辅助设计 WT.CM-

CAD 系统，作为"国家级科技研究成果"公报。并主持研制了"七五"国家科技攻关项目 75-52-01-03 中机械零件参数化设计系统 MEDS，在一系列工程中推广应用，取得实效。

1994-1996 年，陈定方主持国家自然科学基金项目，较早开展考虑图形数据特点的设计型专家系统逆向推理策略和体系结构研究，提出并研制适应性设计型专家系统开发工具 ADEST，能以可视化方式描述复杂设计对象，完成较复杂问题的求解，该工具已成功用于机械、公安、三峡和堤防工程中。研究所承担的国家自然科学基金项目（69375018）被评为优秀。

陈定方与罗亚波教授提出并实现映射对应算法，研制成能很好地获取序列原始图像用于三维重建的数码相机支撑机构，实现基于序列图像的空间虚拟原型和浏览，用于武钢开卷机的设计与虚拟制造；提出一种动态八叉树结构和相应递归算法，实现虚拟环境下可加工工件动态建模和基于 Internet 的图像与几何模型相结合的虚拟加工系统，成功用于武汉钢铁公司机械制造公司。

陈定方与李文锋教授提出基于图形图像融合的表观设计、产品建模、工程纹理描述特征参数及基于图像纹理处理与识别算法，研制了网络环境下纹理的识别与查询系统，为产品数字化建模和虚拟制造提供了手段。

陈定方与温诗铸教授一起指导刘莹博士对 Al_2O_3 陶瓷、不锈钢等材料表面进行准分子激光加工研究，提出两种准分子激光加工表面形貌的测量和数据处理方法。

陈定方与中船重工集团 716 研究所合作，承担国家火炬计划项目，研究塑料异型材挤出模流道熔融体数学模型，用神经网络算法对挤出模型芯选型，研制出国内第一个塑料异型材挤出模智能 CAD/CAM 系统和塑钢门窗虚拟装配系统，解决了该型模具多变量和不定解及多品种、小批量模具设计/制造一体化问题，使中船重工集团 716 研究所塑料异型材挤出模具占全行业 1/4 份额，出口美、韩等国。

陈定方与上海振华港口机械股份有限公司合作，研制我国第一个集装箱装卸桥计算机辅助设计与仿真系统，用于差动减速箱式小车、岸桥、场桥、抓斗装卸桥等的设计与仿真，增强了该企业在国际市场上的竞争力。

近 10 年来，陈定方教授与卢全国博士、舒亮博士、朱宏辉博士、陶孟仑博士、梅杰博士、周勇博士、赵亚鹏博士、曹清华博士、李传硕士等组成的科研团队在以超磁致伸缩材料为基础的智能结构器件的设计、表征与应用上做了丰富而又有开拓性的工作；在超磁致伸缩致动器创新的磁场结构设计与表征、面向超微超精密空间定位控制的新型智能悬臂梁非线性动力学问题、面向高频高能量动态应用的磁-机-磁机耦合物理本征表征新方法、创新致动器结构设计与应用与先进制造技术 3D 打印结合等方面获得了丰富的研究成果。先后获得 5 项国家自然科学基金和 1 项教育部博士点基金资助与支持。

同时，获得了湖北省现代制造质量工程重点实验室、广西制造系统与先进制造技术重点实验室、冶金装备及其控制教育部重点实验室、湖北省数字化纺织装备重点实验室的开放基金重点项目等的资助与支持。研究团队与美国俄亥俄州立大学、宾夕法尼亚州立大学、伦斯勒理工学院、休斯顿大学和英国斯旺西大学等国内外相关领域的高水平研究团队和知名学者保持着紧密的合作。国防科技图书出版基金评审委员会经过严格评审，资助出版了舒亮、陈定方的专著《Galfenol 合金磁滞非线性模型与控制方法研究》。

其中，结合虚拟现实开展的研究在《五彩缤纷的虚拟现实世界》一书中引用到的工作主要有：

刘莹博士、李文锋博士等开展的摩擦学机理的微观认识研究和金属表面纹理的数字化研究；

刘有源博士、刘晓红博士、王仲君博士、金升平博士、杨光友博士、李碧琼博士、吴青教授、李和平副教授、程苏菲硕士等开展的面向 Agent 的时间 Petri 网及其在虚拟概念设计行为建模中的应用研究；

张威博士开展的机械产品协同设计系统的研究与实现研究；

吴永明博士开展的支持 top-down 设计的产品建模系统研究；

陈满意博士开展的基于反求设计和虚拟设计的复杂设备的研制研究；

宋建勇博士、张利兵硕士、赵海军硕士开展的面向虚拟实体对象的行为建模关键技术研究；

高曙博士开展的基于多 Agent 的分布式虚拟设计 / 制造系统研究；

高明向博士、符丁硕士开展的虚拟环境中球形物体的动力学行为建模及其应用研究；

郭蕴华博士等开展的面向协同虚拟制造的分布式支撑环境研究；

周丽琨博士开展的虚拟现实系统中不规则形体的几何表现研究；

李勋祥博士开展的基于虚拟现实的驾驶模拟器视景系统关键技术与艺术研究；

唐秋华博士等开展的分布式虚拟环境建模研究；

尹念东博士、李安定硕士开展的基于 OpenGVS 的分布式虚拟汽车驾驶视景系统设计与实现研究；

潘超博士开展的弹性体建模仿真新方法研究；

董浩明博士开展的桥式起重机动态仿真与虚拟控制研究；

吴业福博士开展的基于本体的路考评判专家系统研究与应用；

周慎硕士开展的基于虚拟现实的汽车驾驶模拟器建模技术研究和汽车驾驶模拟器视景系统中的地貌构建方法；

汪璇硕士、杜俊贤硕士等开展的基于 OSG 的分布式汽车驾驶模拟器运行仿真及碰撞检测研究；

陈纯杰硕士开展的基于 VRML 的起重机仿真系统的研究及实现；

饶成硕士开展的汽车驾驶模拟器视景中的多边形网格实时重建技术研究；

孙亮硕士开展的汽车驾驶模拟器视景仿真系统关键技术研究；

朱晓梅硕士开展的基于汽车驾驶模拟器实时降水的实现的研究；

杨鲸硕士开展的基于PC-Cluster的并行绘制及其分布式输入虚拟现实环境的研究；

有人硕士开展的虚拟现实环境下的物理模拟及交互性的研究；

刘方涛硕士开展的汽车驾驶模拟器多通道立体显示与分布式技术的研究；

赵萍硕士开展的基于汽车驾驶模拟器的分布式系统及特效渲染研究；

黎国进硕士、陈杰硕士、李佳硕士采用JOGL的Web虚拟漫游的研究；

王丽硕士、陈杰硕士、李佳硕士开展的基于OSG虚拟漫游的设计与实现研究；

王乐硕士、李勋祥博士、尹念东博士开展的基于VirTools的分布式虚拟驾驶研究；

杨艳芳博士、谢威硕士、张博硕士等开展的基于知识的汽车驾驶技能和交通规则学习系统研究；

生鸿飞硕士开展的汽车驾驶舱人机空间虚拟设计与评价研究；

刘扬硕士开展的基于纳米压痕技术和有限元仿真的材料力学性能分析研究；

尹进硕士开展的光纤布拉格光栅传感解调系统的研究；

黄崇斌副教授、蔡怀阳硕士开展的集装箱转锁机械手设计及控制研究；

张利兵硕士开展的基于虚拟仪器的钢球检测系统设计与实现研究；

蔡幼波硕士开展的基于EJB/CORBA的网络应用软件体系结构的研究；

朱丽娟硕士开展的基于分布式对象的Web系统的研究；

何震宇硕士开展的中文笔迹鉴别软件研究；

穆丽萍硕士开展的基于肤色和支持向量机的人脸检测技术研究；

陈喜阳硕士开展的基于智能卡的在线安全小额支付系统研究；

焦洪智硕士开展的基于Web Service物流信息平台分析与构建研究；

李郁博士、杨公波硕士开展的散粒体力学与运动学特性和散货装卸设备离散元仿真研究；

陈怀国硕士、陈云博士、罗齐汉博士开展的挤压铸造模具结构的运动仿真技术研究；

赵虹教授、梁祥胜博士生、陈昆博士、郭燕副教授、潘小帝硕士开展的中海物流及港口大型设备管理信息系统建设与仿真研究；

吴新春博士开展的武钢技术创新战略研究；

巫影博士、黄俊斌博士、陶存昕博士、熊记宁博士生、杨春晖博士生在各自领域开展的前沿研究；

杨克俭教授、刘舒燕教授等开展的分布交互三维视景行为－特征建模方法研究；

杨克俭教授、沈成武教授、刘世凯教授、傅永华教授、刘舒燕教授、唐小兵教授、蔡永胜教授、褚伯贵硕士等开展的长江三峡库区巴东新城黄土坡滑坡失稳的计算机仿真研究；

张瑞军博士、张波博士开展的基于三重模式的长江堤防信息系统的研究与实现研究；

刘世凯教授、杨吉新博士、唐小兵博士等开展的长江干堤重点堤岸失稳虚拟仿真研究——CCTV10 科技之光节目；

罗亚波博士、陈满意博士、郭蕴华博士、唐秋华博士、周丽琨博士、郭振华博士、刘金鹏博士、李燏硕士、高长寿硕士、张凯硕士、汪海志硕士、陈飞婷硕士等开展的虚拟设计 / 制造平台研究——CCTV10 科技之光节目；

尹念东博士后、李勋祥博士、董浩明博士、龚自康博士、祖巧红博士、鄂晓征博士、黄仕勇博士生、王乐硕士、李安定硕士、孙亮硕士等开展的足不出户学开车，虚拟汽车驾驶模拟器研究——CCTV10 科技之光节目；

李勋祥博士后开展的中国水墨山水的数码三维仿真研究；

肖文博士生开展的虚拟音乐喷泉和武汉东湖香云别苑鸟瞰研究；

魏国前博士、卢全国博士开展的物流系统仿真的三维可视化研究；

杨艳芳博士、李涛涛硕士、孙科硕士等开展的钢铁物流基地 3D 园区交互仿真平台研究；

何毅斌博士、吴敬兵博士、谭昕博士、张争艳博士、毛娅博士、张园硕士、谷曼硕士、刘哲硕士、沈琛林硕士等开展的面向自升式海洋钻井平台的行星传动齿轮－齿条爬升与锁紧系统研究；

谭昕博士、李波博士、丁建军博士、郑方焱博士生、李渤涛博士生等开展的风力发电机齿轮箱虚拟样机建模与动态特性分析研究和非圆齿轮传动研究；

梅杰博士开展的桥式起重机参数化三维仿真技术的研究；

沈琛林硕士开展的桥式起重机模拟器系统构建及关键技术研究；

刘哲硕士、张晶华硕士开展的风力发电机增速器设计及仿真研究；

袁兵副教授、张争艳博士、车畅硕士、阳学进硕士、苏阳阳硕士等开展的风机安装船液压爬升锁紧系统研究；

卢全国博士、舒亮博士、陶孟仑博士、赵亚鹏博士、余震博士、钟毓宁教授、曹清华博士生、陈敏硕士、刘坤硕士、周敏硕士、陈沛硕士、江晓阳硕士、郑慧硕士、袁莎硕士、吴隽硕士等结合超磁致伸缩致动器建模与控制仿真和微加工等开展的研究；

董浩明博士、吴业福博士、陆中华博士、肖文博士生、王艳平博士生、肖锐硕士、李露硕士、杨珠敏硕士、贾爱华硕士、沈琛林硕士、张贞贞硕士、刘畅硕士、黎国进硕士、王丽硕士、候文硕士、贺义方硕士等开展的桥（门）式起重机作业人员仿真操作培训考核专家系统研究；

谷曼硕士等开展的基于 Flexsim 的自动化立体仓库系统规划与仿真研究；

汪享庆博士、张琨博士生关于轻轨、地铁、高铁设计与施工中三维设计与计算机仿真的应用研究实例。

华中科技大学的单斌教授和陈蓉教授、奉化"凤麓英才"团队成员、宁波速美科技有限公司首席顾问单谟君与刘有源博士、张争艳博士、陶孟仑博士、陈萍硕士、朱雄涛硕士、罗玲玲硕士等开展的均质材料和功能梯度材料零件的 3D 打印技术方面的研究。

为本书的出版提供视频、图片和文字资料的有宁波速美科技有限公司、水晶石数字科技有限公司、中视典数字科技有限公司、数虎图像科技有限公司、北京黎明视景公司、北京朗迪锋科技有限公司、中铁第四勘察设计院集团有限公司、中交第二公路勘察设计研究院有限公司。本书引用了百度百科、中国新闻网、国防科技网、搜狐 IT 网、网易博客、中国虚拟博物馆主页、东南网、西部网、博文网，以及水晶石教育网、数虎图像网、上海英梅信息技术有限公司网站、水一方网、雷神科技网、维爱迪动画创作家园、广西容县明代商业风情街网页、文物物品虚拟展示及虚拟复原网、在线祭祀网页、公祭轩辕黄帝网的相关内容，这些已分别在各章末尾列出。

中国水利水电出版社万水分社的策划编辑杨元泓、责任编辑陈洁、加工编辑谌艳艳和美术编辑梁燕为本书的内容、文字、图片、版式、装帧、出版等付出了创造性的辛勤劳动。

在此，一并表示感谢。